高等职业教育供热通风与空调工程技术专业教育标准和培养方案及主干课程教学大纲

全国高职高专教育土建类专业教学指导委员会
建筑设备类专业指导分委员会 编制

中国建筑工业出版社

图书在版编目(CIP)数据

高等职业教育供热通风与空调工程技术专业教育标准和培养方案及主干课程教学大纲/全国高职高专教育土建类专业教学指导委员会建筑设备类专业指导分委员会编制．—北京：中国建筑工业出版社，2004
ISBN 7-112-07019-8

Ⅰ．高… Ⅱ．全… Ⅲ．①供热系统—工程施工—高等学校：技术学校—教学参考资料②通风工程—工程施工—高等学校：技术学校—教学参考资料③空气调节—工程施工—高等学校：技术学校—教学参考资料
Ⅳ．TU83

中国版本图书馆 CIP 数据核字(2004)第 121787 号

责任编辑：齐庆梅
责任设计：孙　梅
责任校对：李志瑛　王　莉

高等职业教育供热通风与空调工程
技术专业教育标准和培养方案
及主干课程教学大纲
全国高职高专教育土建类专业教学指导委员会
建筑设备类专业指导分委员会　编制

*

中国建筑工业出版社出版、发行(北京西郊百万庄)
新　华　书　店　经　销
北京市兴顺印刷厂印刷

*

开本：787×1092 毫米　1/16　印张：6¾　字数：164 千字
2004 年 12 月第一版　2004 年 12 月第一次印刷
印数：1—1500 册　定价：**20.00** 元
ISBN 7-112-07019-8
TU・6255(12973)

版权所有　翻印必究
如有印装质量问题，可寄本社退换
(邮政编码　100037)

本社网址：http://www.china-abp.com.cn
网上书店：http://www.china-building.com.cn

出 版 说 明

全国高职高专教育土建类专业教学指导委员会是建设部受教育部委托（教高厅函〔2004〕5号），并由建设部聘任和管理的专家机构（建人教函〔2004〕169号）。该机构下设建筑类、土建施工类、建筑设备类、工程管理类、市政工程类等五个专业指导分委员会。委员会的主要职责是研究土建类高等职业教育的人才培养，提出专业设置的指导性意见，制订相应专业的教育标准、培养方案和主干课程教学大纲，指导全国高职高专土建类专业教育办学，提高专业教育质量，促进土建类专业教育更好地适应国家建设事业发展的需要。各专业类指导分委员会在深入企业调查研究，总结各院校实际办学经验，反复论证基础上，相继完成高等职业教育土建类各专业教育标准、培养方案及主干课程教学大纲（按教育部颁发的〈全国高职高专指导性专业目录〉），经报建设部同意，现予以颁布，请各校认真研究，结合实际，参照执行。

当前，我国经济建设正处于快速发展阶段，随着我国工业化进入新的阶段，世界制造业加速向我国的转移，城镇化进程和第三产业的快速发展，尽快解决"三农"问题，都对人才类型、人才结构、人才市场提出新的要求，我国职业教育正面临一个前所未有的发展机遇。作为占 2003 年社会固定资产投资总额 39.66％的建设事业，随着建筑业、城市建设、建筑装饰、房地产业、建筑智能化、国际建筑市场等，不论是规模扩大，还是新兴行业，还是建筑科技的进步，在这改革与发展时期，都急需大批"银（灰）领"人才。

高等职业教育在我国教育领域是一种全新的教育形态，对高等职业教育的定位和培养模式都还在摸索与认识中。坚持以服务为宗旨，以就业为导向，已逐步成为社会的共识，成为职业教育工作者的共识。为使我国土建类高等职业教育健康发展，我们认为，土建类高等职业教育应是培养"懂技术、会施工、能管理"的生产一线技术人员和管理人员，以及高技能操作人员。学生的知识、能力和素质必须满足施工现场相应的技术、管理及操作岗位的基本要求，高等职业教育的特点应是实现教育与岗位的"零距离"接口，毕业即能就业上岗。

各专业类指导分委员会通过对职业岗位的调查分析和论证，制定的高等职业教育土建类各专业的教育标准，在课程体系上突破了传统的学科体系，在理论上依照"必需、够用"的原则，建立理论知识与职业能力相互支撑、互相渗透和融合的新教学体系，在培养方式上依靠行业、企业，构筑校企合作的培养模式，加强实践性教学环节，着力于高等职业教育的职业能力培养。

　　基于我国的地域差别、各院校的办学基础条件与特点的不同，现颁布的高等职业教育土建类教育标准、培养方案和主干课程教学大纲是各专业的基本专业教育标准，望各院校结合本地需求及本校实际制订实施性教学计划，在实践中不断探索与总结新经验，及时反馈有关信息，以利再次修订时，使高等职业教育土建类各专业教育标准、培养方案及主干课程教学大纲更加科学和完善，更加符合建设事业改革和发展的实际，更加适应社会对高等职业教育人才的需要。

全国高职高专教育土建类专业教学指导委员会

2004 年 9 月 1 日

前　言

近年来，我国高等职业教育迅速发展，教育教学质量不断提高，为了适应新世纪对高素质人才的培养需求，我们必须在教学上构建新的培养方式和新的教学方案，因此制定切合我国供热通风与空调工程技术专业改革实际的教学方案，是当前高等职业教育供热通风与空调工程技术专业发展的客观要求。

高等职业教育供热通风与空调工程技术专业教育标准、培养方案的研究包括三个组成部分。第一部分为专业建设，其主要内容有两个，一是构建新的课程体系。在构建新的课程体系中按基本目标和发展目标两个层次考虑，基本目标主要是培养学生毕业后就能完成供热通风与空调工程技术专业职业岗位的各项工作；发展目标是培养具备设备工程师、监理工程师人才规格的应用性人才。二是构建新的实训体系，实训体系也按基本目标和发展目标的思路考虑。第二部分是课程建设，包括三个方面，一是新开发课程，主要开发了《供热系统调试与运行》、《空调系统调试与运行》、《工程监理概论》、《物业管理》等课程；二是整合有关课程，主要有《热工学基础》、《通风与空调工程》、《安装工程预算与施工组织管理》等课程；三是更新课程内容，主要有《建筑电气》等课程。第三部分为教学基础工作建设，包括试题库建设、习题库建设、实训资料库建设等。

我们在制定教学计划时，遵循了以下原则：体现培养供热通风与空调工程技术专业应用性人才的原则，即以培养本专业职业岗位的施工员、质检员、监理员、技术员、设计员为目标；采用科学培养方法的原则，即采取科学的课程体系、科学的实训体系、科学的课程内容、科学的教学手段等；符合教育部要求的原则，即"两课"的内容与学时符合教育部的要求，实践课教学时数符合教育部要求，理论与实践课的学时比例符合教育部的要求。

高等职业教育供热通风与空调工程技术专业教育标准、培养方案是建筑设备类专业指导分委员会全体成员和有关专家通过调查研究，在了解供热通风与空调工程技术人员的基本状况、应具备的理论知识和基本技能、执业能力的基础上，认真分析、反复研究后形成的研究成果。

高等职业教育建筑设备类专业指导分委员会认为，该教育标准、培养方案是对专业培养标准的基本要求，体现了一般性的指导意见，其核心是要求办学院校切实按照供热通风与空调工程技术专业培养目标和人才规格进行专业建设。

全国高职高专教育土建类专业教学指导委员会

建筑设备类专业指导分委员会

主任委员　**刘春泽**

目 录

供热通风与空调工程技术专业教育标准 ·· 1
供热通风与空调工程技术专业培养方案 ·· 5
供热通风与空调工程技术专业主干课程教学大纲 ·· 13
   1   工程制图 ·· 13
   2   工程力学 ·· 18
   3   机械基础 ·· 25
   4   建筑电气 ·· 31
   5   房屋构造 ·· 35
   6   工程测量 ·· 38
   7   流体力学泵与风机 ··· 43
   8   热工学基础 ·· 48
   9   建筑给水排水工程 ··· 54
   10 供热工程 ·· 58
   11 锅炉与锅炉房设备 ··· 63
   12 通风与空调工程 ·· 68
   13 制冷技术与应用 ·· 75
   14 安装工程预算与施工组织管理 ··· 80
   15 供热系统调试与运行 ··· 84
   16 空调系统调试与运行 ··· 87
   17 热工测量与自动控制 ··· 91
   18 暖通施工技术 ··· 95
附录1 全国高职高专土建类指导性专业目录 ·· 100
附录2 全国高职高专教育土建类专业教学指导委员会规划推荐教材（建工版）········· 102

供热通风与空调工程技术专业教育标准

本标准是为实现专业培养目标，设置本专业应具备的基本条件及毕业生应达到的人才规格。凡授予本专业毕业证书者，均应执行本标准。

一、培养目标

本专业培养拥护党的基本路线、适应社会主义建设需要，掌握供热通风与空调制冷技术的专业理论和专业技能，能从事供热通风与空调工程设计、施工、监理、运行管理、物业设施管理的适应生产建设、管理、服务第一线需要的德、智、体、美全面发展的高等技术应用型专门人才。

二、人才培养规格

（一）毕业生应具备的专业知识

（1）具备本专业所必需的数学、流体力学、热工学基础、信息技术、建筑工程法律法规知识；

（2）具备常用一次热工测量仪表（温度、压力、流量、液位等仪表）和常用自动调节阀（器）的原理构造、性能和选用安装知识；

（3）具备采暖、集中供热管网、区域锅炉房、建筑给排水、通风空调和空调用制冷与小型冷库制冷系统的工作原理、组成构造、工艺布置知识，并具备有关设计计算与施工图设计的基本知识；

（4）具备专业工程调节和运行的基本知识；

（5）具备专业工程施工工艺、加工安装机具以及起重吊装的基本知识；并具备施工验收技术规范、质量评定标准和安全技术规程应用的知识；

（6）具备工程定额和编制工程预算及单位工程施工组织设计与施工方案的知识；

（7）具备工程合同、招投标和施工企业管理（含施工项目管理）的基本知识；

（8）了解国内外供热与通风空调以及建筑给排水的新技术、新材料、新工艺、新设备。

（二）毕业生应具备的职业能力

（1）具有应用社会主义政治学、经济学和法律法规基本知识，以及科学的世界观方法论对工作和生活中的问题进行分析和判断的基本能力；

（2）具有写作说明和应用的能力；能运用语文知识编写施工、管理和设计工作中的文字材料，以及在人际交往场合运用普通话有条理地表达自己意图的能力；

（3）具有一定的审美能力，对文学艺术具有初步鉴赏能力；

（4）具有运用公关知识进行人际交往的初步能力；

（5）具有一门外语进行简单日常会话和借助工具书阅读外文专业资料的基本能力；

(6)具有进行本专业必需的数学、力学、热工学和流体力学计算及分析有关问题的基本能力，能正确选择常用泵、风机和换热器；

(7)具有使用常规计算机操作系统和文字处理及专业应用软件的能力；

(8)具有正确选择使用常用管材、法兰、阀门、绝热防腐等材料附件的能力；

(9)具有选择常用施工机具以及焊接设备与材料的能力；

(10)具有选择和安装常用一次热工仪表的能力，会使用常用自动调节阀(器)；

(11)具有进行室外管道施工测量的基本能力；

(12)具有识读和绘制专业工程施工图的能力，也能识读一般房屋建筑图和一般电气照明施工图；

(13)具有一个主要工种(管道工或通风工)的初级工基本操作技能的能力；

(14)具有根据施工验收规范和施工组织管理知识组织本专业工程施工的基本能力；

(15)具有编制工程预(结)算和单位工程施工组织设计(施工方案)的基本能力；

(16)具有进行施工质量检查评定和施工安全检查的初步能力；

(17)对单位工程竣工能提出完整的资料，并能绘制竣工图和参与竣工验收工作；

(18)具有专业工程调试运行和故障分析的初步能力；

(19)具有从事多层建筑给排水、采暖和中小型锅炉房及其供热管网、一般通风空调工程设计的基本能力。

(三)毕业生应具备的综合素质

1. 思想素质

热爱社会主义祖国、拥护党的基本路线和改革开放的政策，事业心强，有奉献精神；具有正确的世界观、人生观、价值观和良好的职业道德。

2. 身体心理素质

健康的体魄、良好的心理。

3. 文化与社会基础素质

(1)具有良好的语言表达能力和社交能力；

(2)具有健全的法律意识及一定的创新精神和创业能力；

(3)具有整洁、诚实、认真、守时、守信、谦虚、勤奋等基础文明品质；

(4)具有商品、市场、竞争、价值、风险、效率、质量、服务环境、知识、创新、国际等现代意识。

4. 专业素质

(1)具有审查供热通风与空调工程设计图纸和技术文件，组织本专业工程项目施工全过程的技术管理能力；

(2)具有编制供热通风与空调工程施工图预算和施工预算、决算的能力；

(3)具有使供热通风与空调系统正常、安全、经济运行的管理能力；

(4)具有中小型供热通风与空调工程设计的基本能力；

(5)具有分析解决供热通风与空调工程实际问题的初步能力；

(6)具有本专业监理、物业设施管理的能力；

(7)具有一定的自学能力；

(8)具有阅读和翻译本专业外文资料的初步能力；

(9) 具有网上查询信息的能力。

(四) 毕业生获取的职业资格证书

本专业毕业生按国家有关规定,能获取施工员、质检员、安全员、预算员资格证书,经过三年的实践年限能获取监理工程师、造价工程师及设备师执业资格证书。

(五) 毕业生适应的职业岗位

(1) 能担任施工技术员(工长)、从事施工技术与施工管理工作;
(2) 能担任预算员、质检员、安全员等工作;
(3) 能在企事业单位担任运行管理技术员,从事专业工程的运行管理和维修工作;
(4) 能在设计部门担任设计技术员,从事一般供热通风与多层建筑给排水工程的设计工作;
(5) 能在监理公司从事本专业的工程监理工作;
(6) 能在物业管理部门从事物业管理工作。

三、专业设置条件

(一) 师资队伍

1. 数量与结构

专业教师的人数应和学生规模相适应,但专业理论教师不少于8人,其中暖卫供热类课程教师不少于2人,通风空调类课程教师不少于2人,施工管理类课程教师不少于2人,热工与流体力学教师不少于2人,专业实训教师不少于1人。必须配备专职的供热工程、通风与空调工程、施工技术、预算与施工组织管理、锅炉与锅炉房设备课程及实训的教师。其他基础课和相关课程教师可与其他专业共用。

专业教师应具有大学本科及大学本科以上学历,其中研究生学历不少于2人,具有高级以上职称的专业教师占专业教师总数的35%以上,并不少于3人。80%以上的专业课应由专职教师担任,兼职专业教师除满足本科学历条件外,还应具备5年以上的实践年限。

2. 业务水平

主专业课程的教师应有高级以上职称的教师作为骨干教师或课程带头人。专业教师中具有"双师型"素质的教师比例应大于50%。专业理论课教师除能完成课堂理论教学外,还应具有指导毕业设计、编写讲义、教材和进行教学研究的能力。专业实践课教师应具有编写课程设计、毕业设计任务书和指导书的能力。

除上述条件外,专业教师还必须达到教师法对高等职业教育专业教师的任职资格要求。

(二) 教学资料

图书资料包括:专业书刊、法律法规、规范规程、教学文件、电化教学资料、教学应用资料。

1. 图书和期刊资料

(1) 学院图书馆应有实用的本专业和相关书籍2000册以上且不少于50种;
(2) 有专业及相关期(报)刊5种以上;
(3) 有较齐全的建设法律法规文件资料、规范规程和工程定额;

(4) 有一定数量且适用的电子读物，并经常更新。

2. 电化及多媒体教学资料

具有一定数量的教学光盘、多媒体教学课件等资料，并能不断更新、充实内容和数量，年更新量在10％以上。

3. 教学应用资料

(1) 有本专业教育标准、专业培养方案等教学文件；

(2) 有一定数量的专业技术资料（专业工程施工图、标准图集、规范、定额等）和教学交流资料。

（三）教学设施

1. 实验设备

设有热工、流体力学实验室，具备本专业其他基础课和相关课程的实验设备。实验设施可与其他专业共用。

2. 校外实习基地

有稳定的校外实习基地，和主要用人单位建立长期稳定的产教结合关系，能解决认识实习、生产实习的教学需要。

3. 校内实训设施

有供本专业进行工种操作技能训练的实训场所及有关设备，有测试仪器和必需的教具模型及阀门、管材、管件等器材实样，以满足教学需要。

4. 电化教学设施

学院设有微机室，微机数量应能满足学生上机训练的需要，并达到办学水平评估要求。具有必备的通用软件和专业设计软件，机型能满足专业应用需要。

（四）专业教学计划

1. 教学计划

根据全国高职高专教育土建类专业教学指导委员会颁发的供热通风与空调工程技术专业人才培养方案，结合实际制定实施性教学计划，毕业生质量标准要明确具体，培养模式要有特色。

2. 课程大纲

主干课程和主要实践教学环节的教学大纲配套完整、规范。

附注　执笔人：贺俊杰　蒋志良　王青山　谭翠萍

供热通风与空调工程技术专业培养方案

一、培养目标

本专业培养拥护党的基本路线、适应社会主义建设需要，掌握供热通风与空调制冷技术的专业理论和专业技能，能从事供热通风与空调工程设计、施工、监理、运行管理、物业设施管理的适应生产建设、管理、服务第一线需要的德、智、体、美全面发展的高等技术应用型专门人才。

二、招生对象及基本修业年限

招生对象：高中毕业生、中专毕业生、职高毕业生

基本修业年限：三年

三、职业能力结构及其分解

专业名称	序号	综合能力	专项能力	对应课程
供热通风与空调工程技术专业职业能力分析表	A	专业基本素质和能力	1. 掌握马克思主义哲学的基本原理和邓小平理论的基本知识； 2. 具有良好的思想品德，热爱祖国和人民，具有良好的职业道德； 3. 具有良好的身体素质及运动技能，体能指标达到国家标准； 4. 具有高等数学知识和运算技能，具有解决工程技术问题的能力； 5. 公共英语通过国家三级考试，能够阅读有关专业英语技术资料； 6. 具有良好的文字表达能力，能正确撰写论文、技术文件和各种表格	政治、体育、高数、外语
	B	计算机应用基本能力	1. 掌握 DOS、WINDOWS 操作系统； 2. 具有使用常规操作系统和应用专业软件的能力； 3. 具有应用计算机进行专业工程设计和绘图的能力； 4. 具有防治计算机病毒的能力； 5. 具有计算机外围设备的使用能力	计算机应用基础、计算机辅助设计
	C	专业技术基础能力	1. 具有制图的基本知识和绘图能力，能够识读采暖、通风、空调、制冷和室内给排水系统施工图； 2. 具有进行管路水力计算的基本能力，能正确选用水泵和风机，对其运行工况有一定的分析能力，并能排除一般故障； 3. 能运用热力学定律和热力图表分析基本热力过程和计算状态参数，能正确选择常用换热器型号； 4. 具有识读一般建筑工程施工图和绘制建筑平、剖面图的能力，具有识读一般建筑电器照明工程施工图的能力，能处理本专业与建筑工程相配合的有关问题； 5. 能进行管道施工测量的定位放线和抄平工作，能绘制室外管道施工测量的平、剖面图，能在平面图上标注转弯角度和坐标位置； 6. 了解金属材料性能和热处理的基本知识，具有选择管道焊接常用设备和材料及一般焊接技术的能力	制图、流体力学泵与风机、热工学基础、房屋构造、工程测量、机械基础、建筑电气

续表

专业名称	序号	综合能力	专项能力	对应课程
供热通风与空调工程技术专业职业能力分析表	D	室内给水排水工程	1. 具有识读和绘制建筑给排水施工图的能力； 2. 具有从事多、高层建筑给排水工程设计的能力； 3. 具有从事建筑给排水系统启动运行的基本能力； 4. 具有建筑消防和热水供应系统的基本知识	建筑给水排水工程
	E	供热工程和锅炉房	1. 具有识读和绘制采暖与集中供热管网施工图的能力； 2. 具有从事一般采暖系统和集中供热管网设计的基本能力； 3. 具有进行区域供热系统调试及运行管理及故障分析的能力； 4. 具有识读和绘制中小型锅炉房施工图的能力； 5. 具有中、小型锅炉房的工艺设计、供热系统调试与运行的基本能力	锅炉与锅炉房设备、供热工程、供热系统的调试与运行
	F	通风、空调与制冷	1. 具有从事通风、空调和制冷系统设计的基本能力； 2. 具有进行通风、空调系统调试和运行及故障分析的能力； 3. 具有空调系统自动控制系统的基本知识	通风与空调工程、制冷技术与应用、空调系统的调试与运行
	G	施工技术	1. 具有根据施工条件确定施工工艺及方法及选择加工机具的能力； 2. 具有编制施工技术措施和安全措施的能力、能绘制管道加工安装测绘图； 3. 具有管道系统及其主要设备安装的能力； 4. 具有进行施工质量评定能力和处理施工质量事故的能力	暖通施工技术
	H	预算、施工管理及建设法规	1. 具有编制施工图预算和施工预算的能力； 2. 具有进行施工组织管理和验收工作的能力； 3. 具有编制单位工程施工组织设计的能力； 4. 具有运用工程建筑法规知识正确分析和处理有关法规问题的能力	安装工程预算与施工组织管理、建设工程法规
	I	热工测量与自动控制	1. 具有选择、安装和使用一次仪表的能力； 2. 具有安装使用自动调节阀(器)的能力	热工测量与自动控制
	J	工程监理	1. 具有根据具体工程编制监理大纲细则的能力； 2. 具有本专业工程监理的能力	工程监理概论
	K	物业管理	1. 具有住宅小区物业管理的能力； 2. 具有对物业管理工作中常见问题进行处理的能力	物业管理

四、课程体系

文化基础课	基本学时	学分	专业基础课	基本学时	学分
政治	126	8	机械基础	51	3
体育	126	8	建筑电气	68	3
外语	188	8	房屋构造	45	3
高等数学	120	8	工程测量	45	3
计算机应用基础	75	5	流体力学泵与风机	75	7
工程制图	60	3	热工学基础	90	8
工程力学	75	4	计算机辅助设计	46	3
小计	770	44	小计	420	30

续表

专 业 课	基本学时	学分	选 修 课	基本学时	学分
建筑给水排水工程	68	7	工程监理概论	36	2
供热工程	86	8	工程建设法规	36	2
锅炉与锅炉房设备	80	7	物业管理	36	2
通风与空调工程	96	8			
制冷技术与应用	64	7			
安装工程预算与施工组织管理	90	8			
供热系统调试与运行	36	2			
空调系统调试与运行	36	2			
热工测量与自动控制	54	3			
暖通施工技术	90	8			
小计	700	60	小计	108	6

合计：1998 学时　　140 学分

五、教学计划

（一）理论课教学进程表

课程类别	课程名称	课程代码	开课教研室	学时 教学时数	学时 实践学时	学时 合计	学分	一学年 一	一学年 二	二学年 三	二学年 四	三学年 五	三学年 六	备注
必修课	文化基础课					770	44							
	政治			100	26	126	8	√	√	√	√			
	体育			60	66	126	8	√	√	√	√			
	外语			100	88	188	8	√	√	√				
	高等数学			100	20	120	8	√	√					
	计算机应用基础			45	30	75	5	√						实训
	工程制图			36	24	60	3	√						
	工程力学			54	21	75	4	√						
必修课	专业基础课					420	30							
	机械基础			47	4	51	3			√				
	建筑电气			48	20	68	3			√				
	房屋构造			41	4	45	3		√					
	工程测量			30	15	45	3		√					
	流体力学泵与风机			61	14	75	7		√					
	热工学基础			79	11	90	8		√					
	计算机辅助设计			16	30	46	3					√		

续表

课程类别	课程名称	课程代码	开课教研室	学时		合计	学分	周学时分配						备注
				其中				一学年		二学年		三学年		
				教学时数	实践学时			一	二	三	四	五	六	
必修课	专业课					700	60							
	建筑给水排水工程			54	14	68	7			√				
	供热工程			68	18	86	8			√				
	锅炉与锅炉房设备			68	12	80	7					√		
	通风与空调工程			88	8	96	8					√		
	制冷技术与应用			58	6	64	7					√		
	安装工程预算与施工组织管理			70	20	90	8				√			实训
	供热系统调试与运行			26	10	36	2				√			
	空调系统调试与运行			26	10	36	2					√		
	热工测量与自动控制			48	6	54	3					√		
	暖通施工技术			68	22	90	8					√		
限选课	选修课					108	6							
	工程监理概论			32	4	36	2					√		
	工程建设法规			32	4	36	2				√			
	物业管理			32	4	36	2					√		
	任选课							统 一 安 排						
	合　计					1998	140							

（二）实践教学进程表

序号	内容	对应课程	第一学年		第二学年		第三学年		小计（周）	学分
			一	二	三	四	五	六		
1	房屋建筑绘画	房屋构造		√					1	1
2	测量实习	工程测量		√					1	2
3	室内给排水设计	建筑给水排水工程			√				1	1
4	室内采暖设计	供热工程			√				1	1
5	热水锅炉房设计	锅炉与锅炉房设备				√			1	1
6	民用空调设计	通风与空调工程				√			1	1
7	制冷设计	制冷技术与应用				√			1	1
8	水、暖施工图预算	安装工程预算与施工组织管理					√		1	1
9	认识实习	所有专业课	√						2	1
10	毕业设计							√	8	8
11	实训							√	6	6
12	毕业实习							√	3	3
13	毕业答辩							√	1	1
	总　计								28	28

六、主干课程

1. 流体力学泵与风机

基本学时：75

基本内容：流体静力学，一元流体动力学，流动阻力与能量损失，管路计算，孔口、管嘴出流和气体射流，离心式泵与风机的构造及理论、离心式泵与风机的运行分析与选择，其他常用泵与风机。

基本要求：掌握流体静压强的基本概念、基本特性及静止流体的压强分布规律；掌握一元流体动力学的连续性方程和能量方程及其应用，并能绘制管路水头线和压力线；掌握流态与水头损失的关系，以及水头损失的计算方法，能正确确定阻力系数；掌握管路的水力计算方法，孔口出流和管嘴出流的特点及计算方法，以及淹没紊流射流特性；掌握离心式泵与风机的基本原理、性能参数，以及运行工况分析、调节及选用。

教学方法建议：课堂教学、实验、参观等。

2. 热工学基础

基本学时：90

基本内容：工质与热力系统，热力学第一定律，理想气体的热力性质及热力过程，热力学第二定律，水蒸气，湿空气，气体与蒸汽的流动与节流，气体压缩和制冷循环，稳定导热、不稳定导热，对流换热，辐射换热，传热计算及传热的增强与削弱，换热器。

基本要求：掌握常用工质的热力性质、理想气体状态方程式、热力学第一定律和第二定律及其应用；能利用热力学原理和工质热力图表分析基本热力过程和计算状态参数；掌握卡诺循环及卡诺定律、热泵的理论基础；理解气体和蒸汽的节流、气体压缩与制冷循环的基本原理及其在工程上的应用；掌握稳定传热知识，能进行平壁和圆筒壁稳定传热计算；掌握常用换热器的工作原理和组成构造，能进行常用换热器选型计算和选择换热器型号。

教学方法建议：课堂教学、实验、多媒体教学等。

3. 热工测量与自动控制

基本学时：54

基本内容：热工测量仪表的基本知识，温度测量，湿度测量，压力测量，流速测量，流量测量，液位测量，热量测量，微机在热工测量中的应用，自动控制原理，自动控制仪表，自动控制系统的应用。

基本要求：熟悉热工测量仪表的类型、性能及使用方法和自动调节设备的工作原理，了解暖通空调工程自动调节控制系统的构成，掌握热工测量的方法与步骤。

教学方法建议：课堂教学、参观、多媒体教学。

4. 供热工程

基本学时：86

基本内容：供热工程的基本概念，采暖系统设计热负荷，热水采暖系统，采暖系统散热器与附属设备，热水采暖系统水力计算，辐射采暖，蒸汽采暖系统，集中供热系统，热水管网的水力计算，热水管网的水压图与水力工况，集中供热系统的热力站及主要设备，供热管网的布置与敷设。

基本要求：掌握采暖与集中供热管网的工作原理、组成构造、设备与管路布置及有关设计计算知识，能识读和绘制采暖与集中供热管网工程施工图，具有从事一般采暖系统和区域供热管网设计的初步能力。

教学方法建议：课堂教学、参观、施工现场教学、课程设计等。

5. 通风与空调工程

基本学时：96

基本内容：工业有害物的来源及危害，通风方式，全面通风，局部通风，工业有害物的净化，通风管道的设计计算，自然通风，湿空气焓湿图及应用，空调房间冷(热)、湿负荷，空气调节系统，空气热、湿处理，空气的净化处理，空调室内气流组织，空调水系统，空调系统的消声与减振。

基本要求：掌握工业通风与舒适性空调系统和设备的工作原理、组成结构、工艺布置及有关设计计算的知识；理解运行管理基本知识；能识读和绘制通风与空调工程的施工图；具有从事一般通风与舒适性空调系统设计的初步能力。

教学方法建议：课堂教学、参观、现场教学、课程设计等。

6. 锅炉与锅炉房设备

基本学时：80

基本内容：锅炉房设备基本知识，燃料与燃烧计算，锅炉的热平衡，工业锅炉构造，锅炉的燃烧设备，工业锅炉的炉型及其选择，锅炉的燃料供应、除灰渣与烟气净化，锅炉的通风，锅炉给水处理，锅炉房汽、水系统，锅炉房工艺设计，锅炉房运行管理。

基本要求：掌握工业锅炉本体和辅助设备的工作原理、组成构造、设备管路布置及选型计算知识；理解运行管理基本知识；能识读和绘制供热锅炉房工艺安装工程的施工图；具有从事中、小型锅炉房工艺设计的初步能力。

教学方法建议：课堂教学、参观、现场教学、课程设计等。

7. 建筑给水排水工程

基本学时：68

基本内容：建筑给水排水工程概述，管材、器材及卫生器具，建筑给水系统，建筑消防给水系统，建筑热水及饮水供应系统，小区给排水系统，建筑给排水设计实例。

基本要求：掌握建筑给排水、消防、热水供应系统的分类、组成构造、设备与管路布置及有关设计计算知识；理解启动运行基本知识；能识读和绘制建筑给排水工程的施工图；具有从事多层建筑给水排水工程设计和施工的初步能力。

教学方法建议：课堂教学、参观、现场教学、课程设计等。

8. 制冷技术与应用

基本学时：64

基本内容：蒸气压缩式制冷系统的热力学原理，制冷剂、载冷剂和润滑油，蒸气压缩式制冷系统的组成与图式，制冷压缩机，冷凝器和蒸发器，节流机构和辅助设备，制冷系统的自控装置与调节，双级和复叠式蒸气压缩制冷，小型冷藏库制冷工艺设计，制冷机房与管道的设计，制冷装置的安装与试运转，制冷装置运行操作与维修，溴化锂吸收式制冷。

基本要求：掌握蒸气压缩式制冷的基本概念、原理、制冷理论循环的热力计算；掌握常用制冷剂和载冷剂的性质，熟悉制冷剂、载冷剂选用的基本要求；掌握蒸气压缩式制冷的工作原理图和空调、冷库用制冷系统图、冷却水和冷冻水系统图；掌握蒸气压缩式制冷主要设备和辅助设备的作用、工作原理及选择计算；掌握制冷系统的安装和试运转；理解制冷机房的布置、工艺设计、吸收式制冷的基本原理和系统流程、蓄冷技术等；了解蒸气压缩式制冷的自控装置与调节；能识读和绘制常用制冷工艺安装工程施工图；具有从事空调用制冷系统设计和施工的初步能力。

教学方法建议：课堂教学、参观、现场教学、课程设计等。

9. 暖通施工技术

基本学时：90

基本内容：常用金属管材及其加工连接，阀门、水泵、风机、箱罐类及管道支、吊架安装，室内给排水系统安装，室内采暖系统安装，室外管道安装，起重吊装搬运基本知识，锅炉与附属设备的安装，通风与空调系统的安装，防腐与绝热施工，施工安全与防火技术。

基本要求：掌握专业工程施工技术知识；掌握施工验收规范、质量评定标准和安全技术规程；能选择相应的施工方法、施工机具、技术措施和安全措施。

教学方法建议：课堂教学、现场参观、实训等。

10. 安装工程预算与施工组织管理

基本学时：90

基本内容：固定资产投资和工程建设概述，建设工程定额，建设工程预算分类与费用，施工图预算的编制，建筑安装工程施工图预算编制实例，水、暖工程施工图预算的编制，单位工程量清单计价概述与应用，单位工程施工组织设计，工程项目管理。

基本要求：了解固定资产投资、工程建设、建筑产品计价方式等基本知识；掌握工程定额与预算、招投标与施工合同，施工组织设计和施工企业管理知识；能编制工程预(结)算和单位工程施工组织设计；理解工程量清单计价规范、计价方法及报价技巧；理解流水施工基本原理，横道图和网络图计划基本知识。

教学方法建议：课堂教学、课程设计等。

11. 供热系统调试与运行

基本学时：36

基本内容：调节控制装置，供热系统的初调节，供热系统的运行调节，热计量热水供热系统的控制与调节，供热系统的运行维护管理。

基本要求：掌握供热系统一些简单的初调节方法及供热系统运行调节的基本原理和方法；掌握热力站、外网、室内供热系统的运行管理内容及常见运行故障的分析排除方法；理解各种调节、控制阀门的构造、性能、应用场合、选型方法；理解热计量热水供热系统的运行特点和调节控制方案；了解热水供暖系统的最佳调节工况及综合调节；了解循环水泵的变流量调节方法和变频水泵技术；了解气候补偿器的工作原理与应用。

教学方法建议：课堂教学、参观、现场教学等。

12. 空调系统调试与运行

基本学时：36

基本内容：空调测试方法，空调系统调试的准备工作，空调系统电气与自动控制系统调试，空调制冷系统调试与试运行，空调系统调试与试运行，空调系统运行与维护。

基本要求：掌握空调系统的调试方法及运行管理的知识；掌握空调系统常用测试仪表的使用方法；具备分析和处理一般系统故障，使系统正常、安全、经济运行的管理能力。

教学方法建议：课堂教学、参观、现场教学等。

七、教学时数分配

课 程 类 别	学　　时	其　　中	
		理论教学	实践教学
文化基础课	770	495	275
专业基础及专业课	1120	896	224
选 修 课	108	96	12
实 践 课	32周×28＝896		896
合　　计	2894	1487	1407
理论课占总学时的比例	51.4%		
实践课占总学时的比例	48.6%		

八、编制说明

（1）政治、体育课学时主要根据教育部的有关规定确定。

（2）实行学分制时，可以在2～5年修业年限内完成本专业规定的必修课和选修课及实践课的学分。

附注　执笔人：贺俊杰　蒋志良　王青山　谭翠萍

供热通风与空调工程技术专业主干课程教学大纲

1 工 程 制 图

一、课程的性质和任务

工程制图是供热通风与空调工程技术专业的技术基础课，其主要任务是培养学生的图示、图解、读图能力和空间思维能力，领会工程制图标准，掌握供热通风与空调工程技术专业工程图的识图方法与绘图技能，为学习专业课及其他课程打下良好的基础。

二、课程的基本要求

（1）掌握绘图的基本制图标准；
（2）理解正投影、轴测投影作图原理和方法；
（3）了解按照投影原理绘制三面投影图、轴测图；
（4）了解房屋建筑图和供热通风与空调专业工程图的内容、特点及绘制与识图的方法；
（5）掌握一定的图示能力、读图能力和绘图技能。

三、课程内容及教学要求

（一）绪论

1. 课程内容

本课程的性质、任务、内容和学习方法；工程制图的发展情况。

2. 教学要求

（1）了解工程制图研究的对象、性质、目的和任务；
（2）理解本课程应坚持理论联系实际的学风和严肃认真、一丝不苟的工作作风。

（二）制图基本知识

1. 课程内容

《房屋建筑制图统一标准》（GB/T 50001—2001）；《总图制图标准》（GB/T 50103—2001）；《建筑制图标准》（GB/T 50104—2001）；《建筑结构制图标准》（GB/T 50105—2001）；《给水排水制图标准》（GB/T 50106—2001）；《暖通空调制图标准》（GB/T 50114—2001）。

2. 教学要求

（1）了解制图标准；

(2) 理解制图标准的重要作用、遵守国家标准的重要意义。

（三）投影制图

1. 投影的基本知识

(1) 课程内容

投影的基本概念和分类；正投影的基本特征；三面投影。

(2) 教学要求

1) 了解物体投影的形成、投影法分类；

2) 了解正投影基本理论及其对工程图样的重要性；

3) 掌握根据简单模型绘制三面投影图。

2. 点的投影

(1) 课程内容

点的三面投影；点的坐标；两点的相对位置；重影点。

(2) 教学要求

1) 掌握点的投影规律及作图方法；

2) 了解点的坐标，掌握根据点的三面投影作点的直观图；

3) 掌握根据三面投影判别两点相对位置的方法；了解重影点的特性。

3. 直线的投影

(1) 课程内容

各种位置直线的投影；求一般位置直线的实长及对投影面的倾角；直线上的点；一边平行于投影面的直角的投影。

(2) 教学要求

1) 掌握各种位置直线的投影特征；

2) 了解两直线平行、相交、交叉的投影特征并能作图；

3) 掌握一般位置直线求实长及倾角的方法；

4) 了解一边平行于投影面的直角投影的特点并能作图。

4. 平面的投影

(1) 课程内容

平面的表示法；平面对投影面的各种位置；平面上的直线和点；直线与平面的相对位置；两平面的相对位置；点、直线、平面的综合题。

(2) 教学要求

1) 了解各种位置平面的投影特征，掌握特殊位置平面的投影特点及作图；

2) 理解点和直线在平面上的几何条件，掌握投影图的作图方法；

3) 了解直线与一般位置平面相交的方法及可见性的判别；

4) 掌握利用投影原理解决点、直线、平面的综合题。

5. 立体的投影

(1) 课程内容

平面立体(棱柱、棱锥)的投影图及尺寸标注；平面体表面求点和线；曲面立体(圆柱、圆锥和球)的投影作图及尺寸标注；曲面体表面上求点和线；组合体的作图及尺寸标注；组合体投影图的识读。

(2) 教学要求

1) 掌握基本形体的投影图画法及尺寸标注；

2) 掌握形体表面上求点和线的画法，并辨别可见性；

3) 了解组合体形成、分析的方法，掌握组合体的投影图画法及尺寸标注；

4) 掌握用形体分析法和线面分析法识读组合体投影图。

6. 轴测投影

(1) 课程内容

投影的形成、种类、特点及各种部位名称；正等测、斜等测图画法。

(2) 教学要求

1) 了解轴测投影的形成、分类和轴向变形系数、轴间角；

2) 掌握立体正等测、斜等测图的画法。

7. 剖面与断面

(1) 课程内容

基本概念；剖面图的表示方法及画法；剖面图的分类；断面图与剖面图的区别；断面图的分类和画法。

(2) 教学要求

1) 了解剖面图与断面图的图示目的和表示方法；

2) 掌握全剖面、半剖面、阶梯剖面、展开剖面、局部剖面的使用场合及画法和标注方法；

3) 掌握移出剖面、重合断面的画法及标注方法。

8. 展开图

(1) 课程内容

平面体表面的展开；可展曲面体表面的展开；过渡体表面的展开。

(2) 教学要求

1) 了解展开图的作图方法；

2) 掌握常见平面体、可展曲面体表面、过渡体表面的展开。

9. 工程管道单、双线图的表示方法

(1) 课程内容

管道、阀门单、双线图的画法；管道平面图、立面图单、双线图的画法；管道轴测图单线图的画法。

(2) 教学要求

1) 了解工程管道单、双线图的表示方法；

2) 掌握管道平面图、立面图、轴测图单线图的画法。

(四) 房屋建筑工程图

1. 课程内容

房屋建筑图的组成；房屋建筑图的分类及特点；建筑工程图的图示方法及规定。

2. 教学要求

(1) 了解房屋的平、立、剖面图及详图的作用和内容；

(2) 掌握建筑工程图的图例、建筑构配件的规定画法、尺寸标注；

(3) 掌握一般工业与民用建筑工程图的识读方法。

（五）给、排水工程图

1．课程内容

室内给、排水平面图；给、排水系统图；详图；室外给、排水工程图。

2．教学要求

（1）了解给、排水工程图的作用和内容；

（2）掌握给、排水工程图的规定画法、尺寸标注；

（3）掌握识读、绘制给排水工程图。

（六）采暖工程图

1．室内采暖工程图

（1）课程内容

采暖工程图的组成及图示特点；采暖工程图的内容和画法。

（2）教学要求

1）了解采暖工程图的组成及图示特点；

2）掌握采暖工程图的识图及画法。

2．采暖换热站工程图

（1）课程内容

采暖换热站工程图的组成及图示特点；采暖换热站工程图的内容和画法。

（2）教学要求

1）了解采暖换热站工程图的作用和内容；

2）掌握采暖换热站工程图的画法。

（七）通风空调工程图

（1）课程内容

通风空调工程图的种类、主要内容和基本表示方法；通风空调系统平面图、剖面图和轴测图、详图。

（2）教学要求

1）了解通风空调工程图的种类、主要内容和基本表示方法；

2）掌握阅读通风空调工程图的方法和注意事项，能绘制通风空调工程图。

四、学时分配

序号	课程内容	总学时	其中		
			讲授	课堂作业	实践教学
（一）	绪论	1	1		
（二）	制图基本知识	1	1		
（三）	投影制图	22	14	8	
（四）	房屋建筑工程图	8	6		2
（五）	给、排水工程图	8	4		4
（六）	采暖工程图	12	6		6
（七）	通风空调工程图	8	4		4
	合　计	60	36	8	16

五、实践教学环节安排

序 号	实践教学内容	教 学 要 求	学 时
1	课 堂 作 业	随课堂教学内容进行	8
2	房屋建筑工程图绘制	绘制平面图	2
3	给、排水工程图的绘制	绘制平面图、系统图	4
4	室内采暖工程图绘制	绘制平面图、系统图	6
5	通风空调工程图绘制	绘制平面图、系统图	4
	合　　计		24

六、教学大纲说明

（1）本大纲根据高等职业教育供热通风与空调工程技术专业教育标准和培养方案编写。

（2）本大纲侧重于对学生实践能力的培养，提高学生解决实际问题的能力。

（3）工程图绘制可随课堂教学内容进行，亦可安排集中时间进行。

附注　执笔人：尚久明

2 工 程 力 学

一、课程的性质与任务

工程力学是高职土建类专业的一门理论性和实用性较强的专业技术基础课。本课程的任务是使学生掌握静力平衡和构件承载能力的基本规律及其研究方法,初步学会运用这些规律和方法去分析、解决工程实际中简单的力学问题,并为学习后继专业课程和施工打下必要的基础。本课程包含静力学和材料力学两部分内容。

二、课程的基本要求

(一)静力学部分的基本要求
(1)掌握静力学的基本概念、基本定理和基本方法;
(2)掌握对物体进行受力分析的方法,正确画出受力图;
(3)掌握力的投影和力矩的计算、运用平面力系平衡方程求解单个物体和简单物体系统的平衡问题;
(4)理解力和力偶的性质;
(5)理解平面力系的平衡条件;
(6)了解力学计算简图的简化方法;
(7)了解平面力系的简化方法,能运用其求力系的主矢和主矩。
(二)材料力学部分的基本要求
(1)掌握杆件的变形特征及其受力形式;
(2)掌握内力计算的基本方法——截面法,正确计算杆件内力,熟练画出内力图;
(3)掌握截面几何性质的概念及其计算;
(4)掌握应力分布规律及应力计算公式;
(5)掌握变形的计算、压杆稳定的计算;
(6)理解内力、变形、应力、应变、强度、刚度和稳定性的概念;
(7)理解强度条件和刚度条件,熟练进行强度和刚度验算;
(8)了解组合变形的计算方法、应力状态和强度理论的概念;
(9)了解材料的主要力学性能,并具有测试强度指标的初步能力。

三、课程内容及教学要求

(一)绪论
1. 课程内容

工程力学的研究对象和任务;工程力学研究的内容;平衡规律、强度、刚度及稳定性等概念;工程力学与其他课程的关系、学习方法。

2. 教学要求

(1) 掌握工程力学的研究对象和任务；
(2) 掌握工程力学研究的内容；
(3) 了解工程力学与其他课程的关系、地位和作用；
(4) 了解学习方法。

第一篇 静 力 学

(二) 静力学的基本概念

1. 课程内容

静力学的研究对象，平衡、刚体和力的概念；静力学公理，力的可传性原理，三力平衡汇交定理；约束和约束反力，主动力，荷载及其分类；脱离体和受力图，物体的受力分析。

2. 教学要求

(1) 掌握平衡、刚体及力的概念；
(2) 掌握工程中常见几种约束类型的约束作用、简图及其反力；
(3) 掌握正确画出分离体和受力图的方法；
(4) 理解静力学公理及推理，理解约束与约束反力的概念；
(5) 了解把简单的工程实际问题抽象为力学模型的方法；
(6) 了解荷载的分类。

(三) 平面汇交力系

1. 课程内容

力系的分类及特征；平面汇交力系合成的几何法及平衡的几何条件；力在直角坐标轴上的投影，投影与分力的区别；合力投影定理；平面汇交力系合成的解析法及平衡的解析条件；平衡方程及其应用。

2. 教学要求

(1) 掌握平面汇交力系合成的几何法及平衡的几何条件；
(2) 掌握力在直角坐标轴上投影的计算；
(3) 掌握平面汇交力系合成的解析法及平衡的解析条件；
(4) 理解合力投影定理，熟练应用平衡方程求解工程实际问题；
(5) 了解力系的分类。

(四) 力矩、平面力偶系

1. 课程内容

力对点之矩，合力矩定理；力偶、力偶矩、力偶的性质；平面力偶系的合成和平衡条件。

2. 教学要求

(1) 掌握力矩的定义、力对点的矩的计算；
(2) 掌握力偶的定义及力偶矩的概念；
(3) 掌握平面力偶系的平衡条件及其应用；
(4) 理解平面力偶系的合成；

(5) 理解合力矩定理、力偶的性质及推论。

(五)平面一般力系

1. 课程内容

力的平移定理；平面一般力系向作用面内任一点的简化；力系的主矢和主矩；力系简化结果的讨论；平面一般力系的合力矩定理；平面一般力系的平衡条件；平衡方程的三种形式及其应用；物体系统的平衡问题；静定和超静定问题的概念。

2. 教学要求

(1) 掌握力的平移定理及平面一般力系的简化方法；

(2) 掌握主矢和主矩的概念及计算；

(3) 掌握平面一般力系的平衡条件及平衡方程式的应用；

(4) 理解平面一般力系的合力矩定理；

(5) 了解物体系统的平衡问题的解题方法；

(6) 了解静定和超静定问题的概念。

第二篇 材 料 力 学

(六) 材料力学的基本概念

1. 课程内容

变形固体的概念及其基本假设；杆件变形的基本形式；内力、截面法；应力、正应力、切应力；变形和应变。

2. 教学要求

(1) 掌握变形固体的概念及其基本假设，掌握弹性变形与塑性变形的概念；

(2) 掌握内力、截面法、应力、变形和应变的概念；

(3) 了解杆件变形的基本形式。

(七) 轴向拉伸和压缩

1. 课程内容

轴向拉伸和压缩的概念，轴力和轴力图；轴向拉压时横截面上的应力、斜截面上的应力；轴向拉压时的变形、线应变、虎克定律、线弹性模量；抗拉(压)刚度，横向变形，泊松比；材料的力学性能；低碳钢的拉伸试验，σ-ε 曲线；比例极限、弹性极限、屈服极限、强度极限、延伸率、截面收缩率，冷作硬化；铸铁的拉伸试验；低碳钢和铸铁的压缩试验；两类材料力学性能的比较；极限应力、安全因数、许用应力；轴向拉压杆的强度条件及强度计算。

2. 教学要求

(1) 掌握运用截面法计算轴力及画轴力图；

(2) 掌握拉压杆横截面上及斜截面上的应力计算；

(3) 掌握轴向拉压杆变形的计算、虎克定律的适用范围；

(4) 掌握拉压杆的强度条件及强度计算；

(5) 理解轴向拉伸与压缩的概念及其变形特点；

(6) 理解极限应力、许用应力、安全因数的概念；

(7) 了解材料在拉压时的力学性能。

（八）剪切

1. 课程内容

剪切的概念，剪切的实用计算；挤压的概念，挤压的实用计算。

2. 教学要求

（1）掌握运用剪切与挤压的实用计算方法校核联接件的强度；

（2）理解剪切变形的受力特点、挤压变形的概念。

（九）扭转

1. 课程内容

扭转的概念；圆轴扭转时横截面上的内力—扭矩、扭矩图；薄壁圆筒扭转时的应力，纯剪切变形、切应变、切应力互等定理，剪切虎克定律；圆轴扭转时横截面上的切应力、极惯性矩，抗扭截面因数；圆轴扭转时的强度条件及强度计算；圆轴扭转时的变形及刚度条件。

2. 教学要求

（1）掌握圆轴扭转时扭矩的计算及扭矩图的绘制、横截面上应力的计算及轴的强度计算；

（2）理解剪切虎克定律、切应力互等定理；

（3）理解扭转的受力形式及变形特点；

（4）了解圆轴扭转时的变形计算及刚度条件的应用。

（十）平面图形的几何性质

1. 课程内容

重心和形心的概念、静矩的概念；静矩的计算及特性；物体的形心坐标计算公式，组合图形的形心计算；惯性矩、惯性积、极惯性矩的概念、惯性矩的特性；惯性半径；简单图形惯性矩的计算；惯性矩的平行移轴公式，组合截面惯性矩的计算。

2. 教学要求

（1）掌握组合平面图形静矩与形心的计算；

（2）掌握简单平面图形惯性矩的计算；

（3）掌握组合截面惯性矩的计算方法；

（4）理解静矩、惯性矩的定义；

（5）理解惯性矩的平行移轴公式；

（6）了解形心主惯性轴和形心主惯性矩的概念。

（十一）梁的内力

1. 课程内容

梁弯曲变形的概念；梁平面弯曲时横截面上的内力—弯矩和切力，内力正负号规定；截面法求指定截面上的内力；用切力方程、弯矩方程画简单梁的切力图和弯矩图；荷载集度、切力和弯矩之间的微分关系及其在绘制内力图上的应用；叠加法绘制弯矩图；区段叠加法绘制弯矩图。

2. 教学要求

（1）掌握用截面法计算梁的内力—切力和弯矩；

（2）掌握画梁的内力图的基本方法及其规律；

(3) 理解荷载集度、切力和弯矩之间的微分关系；
(4) 理解叠加原理；
(5) 理解平面弯曲的概念及其受力特点、变形特点。

(十二) 梁的应力及强度条件

1. 课程内容

梁纯弯曲时的正应力分布规律及正应力计算公式；梁的正应力强度条件及强度计算；矩形截面与工字形截面梁切应力的计算公式，常用截面梁的最大切应力公式；梁的切应力强度条件；梁的合理截面形状。

2. 教学要求

(1) 掌握正应力分布规律及横截面上任一点的正应力计算公式；
(2) 理解正应力强度条件，熟练对梁进行正应力强度计算；
(3) 了解切应力的分布规律及切应力强度条件。

(十三) 梁的变形及刚度条件

1. 课程内容

挠度与转角的概念；挠曲线近似微分方程；叠加法求梁的变形；梁的刚度条件及刚度计算；提高梁抗弯刚度的措施。

2. 教学要求

(1) 掌握用叠加法求梁的变形；
(2) 理解梁的挠度与转角的概念；
(3) 了解梁的挠曲线近似微分方程、刚度条件及刚度计算；
(4) 了解提高梁抗弯刚度的措施。

(十四) 应力状态和强度理论

1. 课程内容

一点处的应力状态、单元体，平面应力状态，主应力、主平面，最大切应力；强度理论。

2. 教学要求

(1) 掌握平面应力状态分析的解析法；
(2) 掌握主应力、主平面、最大切应力的概念及其计算；
(3) 理解应力状态、单元体的概念；
(4) 了解强度理论及其在工程实际中的应用。

(十五) 组合变形

1. 课程内容

组合变形的概念及工程实例；斜弯曲变形的应力及强度计算；偏心压缩(拉伸)杆件的应力和强度计算，截面核心；弯曲与扭转组合变形的应力及强度计算。

2. 教学要求

(1) 掌握组合变形计算的叠加方法；
(2) 掌握用强度条件及强度理论对组合变形进行强度计算；
(3) 理解截面核心的概念。

(十六) 压杆稳定

1．课程内容

压杆稳定的概念：丧失稳定、压杆的稳定平衡状态、不稳定平衡状态及临界平衡状态、临界力；细长杆临界力计算的欧拉公式、杆端约束对临界力的影响、长度系数、计算长度；临界应力与柔度（长细比）、欧拉公式的适用范围；超过比例极限时临界应力计算——经验公式，临界应力总图。

压杆的稳定验算——折减因数法；提高压杆稳定性的措施。

2．教学要求

(1) 掌握压杆临界力、临界应力的计算、欧拉公式的适用范围；
(2) 掌握柔度的计算、掌握用折减因数法验算压杆的稳定性；
(3) 理解压杆稳定的概念；
(4) 了解经验公式及临界应力总图；
(5) 了解提高压杆稳定性的措施。

四、学时分配

序 号	课 程 内 容	总学时	其 中		
			讲 授	实 验	实 训
（一）	绪论	(1)	1		
	第一篇 静力学	(20)	(14)		(6)
（二）	静力学基本概念	6	5		1
（三）	平面汇交力系	4	3		1
（四）	力矩、平面力偶系	2	2		
（五）	平面一般力系	8	4		4
	第二篇 材料力学	(52)	(37)	(6)	(9)
（六）	材料力学的基本概念	1	1		
（七）	轴向拉伸和压缩	9	6	2	1
（八）	剪切	2	2		
（九）	扭转	4	2	2	
（十）	平面图形的几何性质	4	4		
（十一）	梁的内力	8	6		2
（十二）	梁的应力及强度条件	8	4	2	2
（十三）	梁的变形及刚度条件	2	2		
（十四）	应力状态和强度理论	4	4		
（十五）	组合变形	4	2		2
（十六）	压杆稳定	6	4		2
	机动	(2)	(2)		
	合 计	75	54	6	15

五、实践教学环节安排

序 号	实践教学内容	教 学 要 求	学 时
1	轴向拉伸与压缩实验： 验证虎克定律，测定低碳钢的弹性模量、比例极限、强度极限、测定铸铁的强度极限，绘制拉伸图及应力应变曲线，塑性指标的测定	了解实验原理，掌握实验方法，了解材料在拉压时的力学性能，观察破坏形式，完成实验报告	2
2	扭转实验： 测定低碳钢的力学性能指标，绘制扭转图及应力-应变曲线	了解材料在扭转时的力学性能，完成实验报告	2
3	弯曲实验： 矩形截面梁产生纯弯曲变形时，验证梁横截面上的正应力分布规律	了解实验原理，掌握实验方法，掌握正应力的分布规律，完成实验报告	2

六、教学大纲说明

（1）本大纲根据高等职业教育供热通风与空调工程技术专业教育标准和培养方案编写。

（2）本大纲侧重于对学生实际能力的培养，提高学生解决实际问题的能力。

（3）本大纲适用于普通高中起点入学的高职学生。

附注　执笔人：余　英

3 机械基础

一、课程的性质与任务

机械基础是供热通风与空调工程技术专业的一门专业基础课,其主要内容包括金属材料及热处理、金属焊接与气割、机械传动和机械零件等。

本课程的主要任务是通过各教学环节,使学生了解金属材料的性能、热处理的工艺、金属材料的焊接与气割、机械传动和机械零件等有关知识,为专业课的学习打下必要的基础。

二、课程的基本要求

(1) 掌握常用金属材料的牌号、机械性能、用途和一般选用原则;
(2) 掌握普通热处理的工艺;
(3) 掌握手工电弧焊、气焊和气割的工艺;
(4) 掌握常用机构和零件的使用;
(5) 理解铁碳合金中的成分、温度、组织结构之间的变化规律以及组织结构和性能之间的相互关系;
(6) 理解金属同素异构的转变;
(7) 了解常用机构的工作原理、运动特点;
(8) 了解常用机构传动比的计算;
(9) 了解焊缝缺陷的种类,产生原因及防止方法。

三、课程内容及教学要求

(一) 绪论

1. 课程内容

本课程的性质和主要内容;本课程的主要任务;本课程在供热通风与空调工程技术专业中的地位和作用;本课程的学习方法。

2. 教学要求

(1) 了解本课程的学习方法和学习特点;
(2) 了解本课程的性质和主要内容;
(3) 了解本课程和供热通风与空调工程技术专业的关系;
(4) 了解本课程所涉及知识的发展概况。

(二) 金属材料的性能

1. 课程内容

金属的力学性能;金属的其他性能。

2.教学要求

(1)掌握金属材料力学性能的种类;

(2)理解金属材料力学性能的基本概念;

(3)了解金属材料的其他性能。

(三)金属的晶体结构和结晶过程

1.课程内容

金属的晶体结构;金属的结晶;金属的同素异晶转变。

2.教学要求

(1)掌握纯铁同素异晶转变的规律;

(2)理解合金的基本构造;

(3)了解常用金属的结晶过程。

(四)二元合金

1.课程内容

基本概念;固态合金的基本结构;二元合金状态图。

2.教学要求

(1)掌握二元合金的基本概念;

(2)了解二元合金状态图的建立方法;

(3)了解固态合金的基本结构。

(五)铁碳合金

1.课程内容

铁碳合金的基本组织;铁碳状态图。

2.教学要求

(1)掌握铁碳平衡图的应用;

(2)理解碳对铁碳合金组织和力学性能的影响;

(3)了解铁碳合金五种基本组织的形式及性能;

(4)了解铁碳合金的基本概念;

(5)了解铁碳合金中的成分、温度、组织结构之间的变化规律。

(六)钢的热处理

1.课程内容

概述;钢在加热时的组织转变;钢在冷却时的组织转变;钢的正火与退火;钢的淬火;钢的回火;钢的淬透性概念;钢的表面热处理。

2.教学要求

(1)掌握钢在加热时的组织转变;

(2)掌握钢在冷却时的组织转变;

(3)掌握钢的热处理的概念;

(4)掌握钢的正火、退火、淬火和回火的目的和方法;

(5)理解钢的淬透性的意义;

(6)了解钢的表面热处理方法和目的。

(七)常用金属材料

1. 课程内容

碳素钢；合金钢；铸铁；有色金属及其合金。

2. 教学要求

(1) 掌握钢、铸铁、有色金属及其合金的分类；

(2) 掌握常用碳素钢、合金钢和铸铁的性能、牌号和应用；

(3) 掌握铝及其合金、铜及其合金、滑动轴承合金的牌号及应用；

(4) 了解新材料的应用。

(八) 非金属材料

1. 课程内容

塑料、橡胶、陶瓷、复合材料。

2. 教学要求

(1) 掌握非金属材料的分类、用途；

(2) 了解非金属材料的发展。

(九) 手工电弧焊

1. 课程内容

焊接电弧；手工电弧焊的焊接设备；焊条；手工电弧焊的焊接工艺；焊接接头的组织与性能；常用金属材料焊接；焊接的应力与变形。

2. 教学要求

(1) 掌握常用手工电弧焊的焊接工艺；

(2) 掌握焊条的选用；

(3) 掌握焊接工艺参数的选择；

(4) 理解焊接电弧形成的原理；

(5) 理解焊接电弧极性及应用；

(6) 了解焊接设备的类型、特点及应用；

(7) 了解焊接组织、性能、应力与变形。

(十) 气焊与气割

1. 课程内容

氧、乙炔焰；气焊与气割设备；气焊与气割工艺。

2. 教学要求

(1) 掌握气焊与气割的基本操作工艺；

(2) 理解安全技术规范；

(3) 了解氧、乙炔焰性能及应用；

(4) 了解气焊与气割设备的构造和工作原理。

(十一) 其他焊接方法

1. 课程内容

埋弧焊；气体保护焊；等离子切割与焊接；电渣焊；电阻焊；钎焊；电子束焊和激光焊。

2. 教学要求

(1) 掌握以上各种焊接的特点及应用；

(2) 了解以上各种焊接的主要设备。

(十二) 焊接的缺陷与检验

1. 课程内容

常见焊接缺陷；焊接质量的检验。

2. 教学要求

(1) 掌握焊接的检验方法；

(2) 理解焊接缺陷产生的主要原因；

(3) 了解焊接缺陷的种类及防止方法。

(十三) 公差与配合

1. 课程内容

互换性的基本概念；光滑圆柱体的公差与配合；形状与位置公差；表面粗糙度。

2. 教学要求

(1) 掌握尺寸公差基准制、公差等级和配合种类的选用；

(2) 掌握形位公差等级和公差值的选择；

(3) 理解基本概念及术语；

(4) 了解各类符号的含义。

(十四) 常用机构

1. 课程内容

平面连杆机构；凸轮机构；间歇运动机构。

2. 教学要求

(1) 掌握铰链器杆机构的类型和应用；

(2) 了解凸轮机构的类型、特点和应用；

(3) 了解间歇机构的应用。

(十五) 常用机械传动

1. 课程内容

带传动；链传动；齿轮传动；蜗杆传动。

2. 教学要求

(1) 掌握渐开线直齿圆柱齿轮传动的基本参数和几何尺寸计算；

(2) 理解带传动和齿轮传动的原理；

(3) 了解带传动的类型、特点和应用；

(4) 了解V形带的结构和型号；

(5) 了解V形带的安装、使用和维护要求；

(6) 了解齿轮传动的分类、特点和应用；

(7) 了解链传动类型和应用；

(8) 了解蜗杆传动的原理、特点和应用。

(十六) 轴系零件

1. 课程内容

轴；键与销；滚动轴承；滑动轴承；联轴器；离合器。

2. 教学要求

(1) 掌握滚动轴承的类型、代号和应用；

(2) 掌握常用联轴器的选用；

(3) 掌握普通手链的尺寸选择和强度计算；

(4) 理解心轴、转轴和传动轴的不同点；

(5) 了解轴的结构和轴上零件的周向、轴向的固定方法；

(6) 了解键连接的类型、特点及应用；

(7) 了解滑动轴承的类型和应用；

(8) 了解联轴器及离合器的类型和功用。

（十七）螺纹连接

1. 课程内容

螺纹的类型和用途；螺纹连接及螺纹连接件。

2. 教学要求

(1) 掌握螺纹的主要参数；

(2) 理解螺纹的形成；

(3) 了解螺纹的类型和用途；

(4) 了解螺纹连接件的类型和用途。

四、学时分配

序 号	课 程 内 容	总学时	其 中		
			讲 授	实 验	实 训
（一）	绪论	1	1		
（二）	金属材料的性能	4	2	2	
（三）	金属的晶体结构和结晶过程	2	2		
（四）	二元合金	2	2		
（五）	铁碳合金	2	2		
（六）	钢的热处理	4	4		
（七）	常用金属材料	6	6		
（八）	非金属材料	2	2		
（九）	手工电弧焊	6	4		2
（十）	气焊与气割	3	2		
（十一）	其他焊接方法	2	2		
（十二）	焊接的缺陷与检验	2	2		
（十三）	公差与配合※				
（十四）	常用机构	4	4		
（十五）	常用机械传动	6	6		
（十六）	轴系零件	4	4		
（十七）	螺纹连接	2	2		
	合　　计	51	47	2	2

注："※"号表示选修内容。

五、教学大纲说明

(1) 本大纲根据高等职业教育供热通风与空调工程技术专业教育标准和培养方案编写。

(2) 本大纲侧重于对学生实际能力的培养,提高学生解决实际问题的能力。

附注 执笔人:胡伯书 崔乐芙

4 建 筑 电 气

一、课程的性质与任务

本课程是供热通风与空调工程技术专业的主干课程之一。主要研究建筑电气工程常用材料及常用设备类型、规格及表示方法；建筑电气施工图的表示及识读方法；建筑电气设备安装工艺等基本知识；建筑设备电气控制原理；智能建筑系统的组成等，为建筑设备管理及运行奠定基础。

二、课程的基本要求

(1) 掌握建筑电气施工图的识读要领；
(2) 掌握建筑设备电气控制的工作原理；
(3) 理解变配电系统的组成及作用；
(4) 理解建筑电气安装施工的基本内容；
(5) 了解电气基本知识；
(6) 了解智能建筑系统的组成。

三、课程内容及教学要求

(一) 绪论
1. 课程内容
课程的性质及任务；学习内容及要求。
2. 教学要求
了解本课程的性质、任务及要求，明确学习目的。
(二) 电气基本知识
1. 课程内容
直流电路、单相交流电路、三相交流电路。
2. 教学要求
(1) 掌握电路的基本定律；
(2) 掌握三相电源的连接特点；
(3) 理解提高功率因数的意义；
(4) 理解三相电功率的概念；
(5) 了解电路的基本概念；
(6) 了解正弦量三要素的定义。
(三) 电气工程常用材料
1. 课程内容

常用导电材料、常用绝缘材料、常用安装材料。

2．教学要求

（1）掌握常用导电材料的规格型号及用途；

（2）理解导管的规格型号及用途；

（3）了解绝缘材料的分类和用途。

（四）变配电系统

1．课程内容

建筑供配电系统、10kV变电所、变配电设备、负荷计算及导线选择。

2．教学要求

（1）掌握低压干线配电方式的特点；

（2）掌握变配电设备的规格型号及用途；

（3）理解建筑供配电系统的组成；

（4）理解负荷计算方法及导线选择的要求；

（5）了解10kV变电所的组成及作用。

（五）建筑设备电气控制

1．课程内容

三相异步电动机、继电器接触器控制的基本环节、水泵电气控制、消防排烟系统电气控制、空调机组电气控制、锅炉电气控制。

2．教学要求

（1）掌握建筑设备控制电路的工作原理；

（2）理解继电器接触器控制的基本环节；

（3）了解三相异步电动机的基本类型与选择要求。

（六）安全用电与建筑物防雷

1．课程内容

安全用电、防雷装置及其安装，接地装置及其安装，接地装置检验与接地电阻测量。

2．教学要求

（1）掌握接地装置的安装要求；

（2）掌握低压配电系统保护接地形式的特点；

（3）理解接地的连接方式；

（4）理解安全用电的常识；

（5）了解防雷装置的组成及其作用；

（6）了解接地装置检验与接地电阻测量的方法。

（七）动力、照明工程

1．课程内容

室内配线工程、电缆线路施工、母线安装、建筑电气照明、建筑电气施工图。

2．教学要求

（1）掌握室内配线工程的施工工序及安装要求；

（2）掌握建筑电气施工图的识读要领；

（3）理解照明器具的选用和安装；

(4)理解照明线路的控制及保护;

(4)了解母线安装的施工工序;

(6)了解电气照明的一般知识。

(八)智能建筑系统

1. 课程内容

智能建筑系统概述、共用天线电视系统、火灾自动报警及消防联动系统、安全防范系统、综合布线系统。

2. 教学要求

(1)掌握共用天线电视系统的组成及作用;

(2)理解火灾自动报警及消防联动系统的控制功能;

(3)理解综合布线系统的组成及作用;

(4)了解智能建筑系统的分类及作用;

(5)了解安全防范系统的分类及作用。

四、学时分配

序 号	课 程 内 容	总学时	其 中		
			讲 授	实 验	实 训
(一)	绪论	2	2		
(二)	电气基本知识	8	6	2	
(三)	电气工程常用材料	4	4		
(四)	变配电系统	8	6		2
(五)	建筑设备电气控制	16	10	4	2
(六)	安全用电与建筑物防雷	8	6		2
(七)	动力、照明工程	12	6		6
(八)	智能建筑系统	10	8		2
	合 计	68	48	6	14

五、实践教学环节安排

序 号	实践教学内容	教 学 要 求	学 时
1	三相负载的连接	熟悉三相负载星形连接和三角形连接的应用,并了解各自的特点	2
2	建筑供配电系统现场教学	熟悉供配电系统的组成和变配电设备的作用,了解10kV变配电所的布置型式	2
3	导管配线现场教学	熟悉金属导管的施工工艺和施工验收规范	2
4	照明装置安装现场教学	熟悉照明装置的施工工艺和施工验收规范	2
5	建筑电气施工图识读	熟悉建筑电气施工图的组成和识读要领	2
6	接地装置安装现场教学	熟悉接地装置安装要求和施工验收规范	2

续表

序 号	实践教学内容	教 学 要 求	学 时
7	三相异步电动机启动实验	熟悉三相异步电动机的启动性能,了解三相异步电动机铭牌数据的含义	2
8	三相异步电动机正反转实验	熟悉三相异步电动机正反转的工作原理和应用场合	2
9	锅炉房、空调机房电气控制系统现场教学	熟悉锅炉房、空调机房电气控制系统各设备的结构、工作原理和安装要求	2
10	火灾自动报警系统现场教学	熟悉火灾自动报警系统的组成和控制原理,了解该系统的施工验收规范	2

六、教学大纲说明

(1)本大纲根据高等职业教育供热通风与空调工程技术专业教育标准和培养方案编写。

(2)本大纲侧重于对学生实际能力的培养,提高学生解决实际问题的能力。

附注 执笔人:刘 玲 武尚君

5 房 屋 构 造

一、课程性质和任务

房屋构造是供热通风与空调工程技术专业的一门专业基础课。本课程的主要任务是讲授和学习建筑构造的基本原理和做法,使学生能够识读建筑施工图,为以后专业技术应用课的学习打下基础。

二、课程的基本要求

(1)掌握建筑构造的基本原理和常规做法,熟练掌握常用构造的要点、材料做法和图示方法。

(2)能够运用基本原理和基本知识初步识读、理解和掌握一般建筑施工图纸和实际房屋构造做法。

(3)能够进行简单的建筑构造图的绘制,并能够解决一般的建筑构造实际问题。

三、课程内容及教学要求

(一)建筑构造概述

1. 课程内容

建筑的概念;建筑的分类;民用建筑的分类与分级;建筑构造组成;建筑标准化;建筑模数协调;建筑术语;变形缝。

2. 教学要求

了解建筑的分类与分级及建筑的含义;熟悉建筑的组成;掌握建筑模数协调和定位轴线;掌握建筑术语;理解建筑标准化;理解变形缝的含义。

(二)基础与地下室

1. 课程内容

地基与基础的关系;基础的埋置深度及影响因素;基础的类型;地下室的类型。

2. 教学要求

了解基础、地基的关系以及影响基础埋深的因素;掌握常用基础的构造与做法和地下室的组成类型。

(三)墙体

1. 课程内容

墙的类型与要求;砌墙材料、砂浆、墙厚、细部构造;隔墙;墙面装修。

2. 教学要求

了解墙的类型;重点掌握墙体的材料和相关尺寸、细部构造;掌握墙面装修的类型和适用范围;隔墙只做一般要求。

（四）楼地层

1. 课程内容

楼地层的组成要求；现浇整体式钢筋混凝土楼板；装配式钢筋混凝土楼板；装配整体式钢混迭合板；楼地面构造组成，地面的构造做法；顶棚；阳台与雨篷。

2. 教学要求

了解楼地层的作用；了解楼板的类型和适用范围；熟悉地面及顶棚的构造做法；掌握现浇钢筋混凝土楼板的类型、布置和构造。

（五）楼梯

1. 课程内容

楼梯的组成与类型；楼梯的尺度及梯间详图识读；现浇钢筋混凝土楼梯；装配式钢筋混凝土楼梯；楼梯细部构造；室外台阶与坡道；电梯简介。

2. 教学要求

了解楼梯的组成与类型；熟悉楼梯的尺度及楼梯间详图；掌握现浇钢筋混凝土楼梯构造。

（六）屋顶

1. 课程内容

屋顶的作用与要求；屋顶的组成与形式；平屋顶的构造组成；平屋顶的防水和排水；平屋顶细部构造；坡屋顶的类型；坡屋顶的构造。

2. 教学要求

熟悉屋顶的分类、组成和要求；掌握平屋顶的构造组成；掌握柔性防水屋面构造做法；了解坡屋顶的构造。

（七）门窗

1. 课程内容

门窗的类型与作用；金属门窗；铝合金门窗、塑钢门窗的构造。

2. 教学要求

了解门窗的种类；掌握平开门窗的组成和构造。

（八）建筑工业化简介

1. 课程内容

建筑工业化的意义与含义；建筑工业化体系分类与类型；简要介绍砌块建筑、大板建筑、大模板建筑、滑模建筑和升板建筑。

2. 教学要求

了解砌块建筑、大板建筑、大模板建筑、滑模建筑和升板建筑；理解建筑工业化的含义。

（九）工业建筑简介

1. 课程内容

工业建筑的特点与分类；单层工业厂房的结构组成和类型；厂房内部的起重运输设备；单层厂房的结构构件；单层厂房的围护部分。

2. 教学要求

了解工业建筑的特点与分类；了解厂房内部的起重运输设备；熟悉单层工业厂房的结

构组成和类型；掌握单层厂房的结构构件和围护部分。

四、学时分配

本课程共为 45 学时。其中理论教学 41 学时，参观 2 学时，机动 2 学时，具体课时分配见下表。

序　号	课程内容	总学时	授课	课内作业	参　观	复习机动
（一）	建筑构造概述	5	5			
（二）	基础与地下室	4	4			
（三）	墙　体	6	6			
（四）	楼地层	4	4			
（五）	楼　梯	4	4			
（六）	屋　顶	6	6			
（七）	门　窗	4	4			
（八）	建筑工业化简介	2	2			
（九）	工业建筑简介	6	6			
（十）	其　他	4			2	2
	合　计	45	41		2	2

五、实践教学安排

参观有代表性的在建项目 1~2 个。

六、大纲说明

（1）本大纲根据高等职业教育供热通风与空调工程技术专业培养方案编制。

（2）由于本课程实践性强，故应注重直观教学和实习参观，增加学生的感性认识和具体形象的建立，提高综合运用和解决实际问题的能力。

附注　执笔人：丁春静

6 工 程 测 量

一、课程的性质与任务

工程测量是供热通风与空调工程技术专业的专业基础课之一,其任务是使学生了解常用测量仪器的构造,学会其基本的使用方法;明确高程、角度、距离测量的基本原理;掌握"测、记、算、绘"四项基本技能;了解测量误差的基本知识;能够利用测量仪器正确进行施工放线,具有解决测量技术问题的能力。

二、课程的基本要求

(1) 理解测量基准面和基准线的概念,掌握确定点位的原理,了解测量工作的程序和基本要求;
(2) 掌握测量仪器的操作方法和记录计算方法;
(3) 了解测量误差的基本概念、来源、种类与特性;
(4) 掌握距离、角度、高程和坡度、直线的方法;
(5) 理解施工场地的控制测量的作用及测设方法;
(6) 掌握建筑物常用的定位方法;
(7) 掌握管道施工测量的程序、要求以及地上、地下的施测方法;
(8) 掌握暖通设备安装测量。

三、课程内容及教学要求

(一) 绪论

1. 课程内容

暖通工程测量的性质和任务;测量工作的基准面和基准线;测量工作的程序和基本要求。

2. 教学要求

(1) 理解本课程的基本内容、任务和学习要求;
(2) 了解测量工作的基准面和基准线;
(3) 掌握确定点位的基本原理;
(4) 理解测量工作的程序和基本要求。

(二) 水准仪与水准测量

1. 课程内容

高程测量概念;水准测量的原理;水准仪及水准尺;水准测量的基本方法;水准测量的校核及精度要求;水准测量误差与注意事项;其他水准仪简介。

2. 教学要求

(1) 了解水准测量原理和水准仪基本构造；
(2) 掌握 DS3 水准仪的使用方法，水准测量的施测方法和记录计算方法；
(3) 了解水准测量的误差影响和其他水准仪的基本特点。

(三) 经纬仪与角度测量

1. 课程内容

角度测量的原理；经纬仪的构造和使用方法；角度观测；测角产生的误差的原因和注意事项；其他经纬仪简介。

2. 教学要求

(1) 了解角度测量的原理和经纬仪基本构造；
(2) 掌握经纬仪的使用方法、角度测量方法和记录计算方法；
(3) 了解角度测量误差的来源和注意事项以及其他经纬仪的构造和使用。

(四) 直线的丈量和定向

1. 课程内容

丈量距离的工具；钢尺量距的方法；光电测距仪测距；直线定向。

2. 教学要求

(1) 理解距离测量的基本概念和原理；
(2) 掌握钢尺量距、光电测距仪测距的基本操作方法和成果计算方法；
(3) 理解直线定向的基本概念。

(五) 测量误差的基本知识

1. 课程内容

测量误差概述；衡量精度的标准；误差传播定律；算术平均值及其中误差；用算术平均值计算观测值的中误差。

2. 教学要求

(1) 了解测量误差的来源、分类、特性；
(2) 领会衡量精度的标准并能用中误差评定观测结果的精度；
(3) 会运用误差传播定律；
(4) 能正确处理观测数据、选择合理的观测方法和计算方法。

(六) 施工测量的基本工作

1. 课程内容

施工测量概述；测设的基本工作。

2. 教学要求

(1) 理解施工测量的主要内容、特点和基本要求；
(2) 掌握距离、角度、高程、坡度直线的测设方法。

(七) 施工场地的控制测量

1. 课程内容

概述；建筑基线；建筑方格网；高程控制测量(三、四等水准)；
GPS 控制测量简介。

2. 教学要求

(1) 理解施工控制网的概念和作用；

(2）掌握建筑基线、建筑方格网的测设方法；

(3）掌握三、四水准测量方法；

(4）了解 GPS 控制测量的基本原理。

（八）建筑的定位测量

1．课程内容

概述：根据原有建筑物定位测量；根据原有道路中心线定位测量；根据建筑红线定位测量。

2．教学要求

(1）理解建筑物定位的概念、准备工作和原则；

(2）掌握建筑物常用的定位方法；

(3）能进行定位校核和测设引桩。

（九）管道工程施工测量

1．课程内容

概述：确定管道中心线；槽口放线；管道施工控制标志的测设；管道铺设中的测量；管道纵横断面测量；地下管道施工测量；架空管道施工测量。

2．教学要求

(1）了解管道测量的特点及要求；

(2）掌握管道中线、槽口边线测设方法；

(3）掌握管道铺设中的测量和纵横断面测量；

(4）掌握地下管道、架空管道的施工测量。

（十）暖通设备安装测量

1．课程内容

概述：管道系统安装测量；水泵、风机、箱罐类安装测量；民用锅炉及附属设备安装测量。

2．教学要求

(1）了解暖通设备安装的特点及要求；

(2）掌握管道系统安装测量；

(3）掌握水泵、风机、箱罐类安装测量；

(4）掌握锅炉安装测量方法。

四、学时分配

序　号	教 学 内 容	总 学 时	其　中	
			讲　授	实　训
（一）	绪　　论	2	2	
（二）	水准仪与水准仪测量	6	4	2
（三）	经纬仪与角度测量	6	4	2
（四）	距离测量与直线方向	4	2	
（五）	测量误差的基本知识	4	4	2

续表

序 号	教 学 内 容	总 学 时	其 中	
			讲 授	实 训
(六)	施工测量的基本工作	5	2	3
(七)	施工场地的控制测量	4	2	2
(八)	建筑物的定位测量	4	4	
(九)	管道工程施工测量	6	4	2
(十)	暖通设备安装测量	4	2	2
	合 计	45	30	15

五、实践性教学环节安排

(一) 课内实训内容及要求

1. 测量仪器使用操作内容及要求

(1) 水准仪操作；

(2) 认识水准仪构造，掌握水准仪操作程序，会正确读数，认识经纬仪构造，掌握经纬仪对中、整平方法，会正确瞄准和读数；

(3) 钢尺量距：认识钢尺刻划，会正确使用钢尺，掌握钢尺量距的基本方法。

2. 施工测量内容及要求

(1) 测设已知长度：根据图纸上给出的已知长度直线，在地面上能用钢尺按一般方法正确测设出来。

(2) 测设已知角度：根据地面上给定的一个方向直线，能用经纬仪按正倒镜分中法正确测设出另一个方向直线。

(3) 测设已知高程点：根据地面上已有水准点和待定点设计高程在地面上能准确的测设出待定点高程的位置。

(4) 测设沟(槽)底坡度线：根据设计坡度，能用水准仪或经纬仪测设出已知沟槽坡度线。

(5) 设备基础施工放线：根据施工图纸设计尺寸，能用水准仪和经纬仪测设出设备基础位置。

(二) 实训周测量实习安排

序 号	实 习 内 容	时间(天)	要 求
1	水准仪测量高差	1	掌握用水准仪测高差和测设已知高程点
2	经纬仪测水平角	1	掌握用经纬仪测水平角和测设已知角度
3	管道沟槽开挖放线	1	学会测设中线，钉设龙门板，撒白灰线方法
4	管道沟(槽)标高控制	1	学会标高控制方法，掌握水平桩测设方法
5	管道沟(槽)底面坡度设置	1	学会沟(槽)坡度测设方法及示坡钉的钉法
	合 计	5	

六、教学大纲说明

(1) 本大纲根据高等职业教育供热通风与空调工程技术专业教育校准和培养方案编写。

(2) 本大纲本着突出"理论性、实用性、专业性、先进性、整体性"的原则进行编写。

(3) 本大纲侧重于对学生实际能力的培养,提高学生解决实际技术问题的能力。

附注 执笔人:崔吉福

7 流体力学泵与风机

一、课程的性质与任务

流体力学泵与风机是供热通风与空调工程技术专业的一门主要专业基础课,包括流体力学和泵与风机两部分。

本课程的主要任务是使学生掌握流体的平衡和运行规律的基本理论及分析计算方法。了解泵与风机的基本构造,掌握泵与风机的基本原理、运行工况分析、调节及选用知识,使学生具有分析和解决实际工程中流体力学泵与风机问题的能力,为学习后续专业课奠定基础。

二、课程的基本要求

(1)掌握流体静压强的基本概念,基本特性;静止流体的压强分布规律及其在工程中的应用;

(2)掌握一元流体动力学的连续性方程和能量方程及其在工程中的应用,以及管路水头线和压力线的绘制;

(3)掌握流态与水头损失的关系,以及水头损失的计算方法,能正确确定阻力系数;

(4)掌握管路的水力计算方法,孔口出流和管嘴出流的特点及计算方法,以及淹没紊流射流特性;

(5)掌握离心式泵与风机的基本原理、性能参数,以及运行工况分析、调节及选用;

(6)理解液柱式测压计的测压原理,以及结构物表面所受静压力的确定方法;

(7)理解动力学基本概念,以及动量方程在工程中的应用;

(8)理解层流运动与紊流运动的基本特征;流动阻力与损失的两种形式;

(9)了解管网的计算基础,有限空间射流结构及动力特性;

(10)了解离心式泵与风机的基本构造,以及常见故障的分析与排除。

三、课程内容及教学要求

(一)绪论

1. 课程内容

流体力学的研究对象、任务及其应用;流体的主要力学性质;作用在流体上的力;流体的力学模型。

2. 教学要求

(1)掌握流体的主要力学性质;

(2)理解作用在流体上的力;

(3)了解流体的力学模型。

（二）流体静力学

1. 课程内容

流体静压强及其特性；流体静压强的分布规律；压强的表示方法；液柱式测压计；作用于平面上的液体总压力；作用于曲面上的液体总压力。

2. 教学要求

（1）掌握流体静压强的基本概念，基本特性；

（2）掌握流体静压强基本方程及其在工作中的应用；

（3）掌握压强的两种基准和三种量度方法；

（4）理解液柱式测压计的测压原理；

（5）理解作用于平面上的液体总压力的计算方法（解析法、图解法）；

（6）了解作用于曲面上的液体总压力。

（三）一元流体动力学

1. 课程内容

描述流体运动的两种方法；描述流体运动的基本概念；恒定流连续性方程式；恒定流能量方程式；能量方程式的应用；气流的能量方程；恒定流动量方程式。

2. 教学要求

（1）掌握恒定流连续性方程式及其应用；

（2）掌握恒定流能量方程式及其方程式的意义，明确气流方程表达式与液流方程表达式的区别；

（3）掌握恒定流能量方程及气流的能量方程在工程中的应用，以及管路水头线、压力线的绘制方法；

（4）理解流体运动的基本概念，如流线、恒定流、渐变流等；

（5）理解文丘里流量计、毕托管的作用原理和使用方法；

（6）理解恒定流动量方程及其在工程中的应用；

（7）了解描述流体运动的两种方法。

（四）流动阻力与能量损失

1. 课程内容

流动阻力与能量损失的两种形式；两种流态与雷诺数；均匀流基本方程式；圆管中的层流运动；圆管中的紊流运动；紊流沿程阻力系数；非圆管的沿程损失；局部损失的计算与减阻措施；绕流阻力与升力。

2. 教学要求

（1）掌握流动形态与沿程损失的关系，及流动形态的判别标准；

（2）掌握水头损失的计算方法；

（3）掌握过流断面的水力要素，明确水力要素与沿程损失的内在联系；

（4）掌握沿程阻力系数与局部阻力系数的确定方法；

（5）理解流动阻力产生的原因及阻力与损失的两种形式；

（6）理解管中层流、紊流运动的基本特征；

（7）了解减小阻力的措施；

（8）了解绕流阻力与升力的基本概念。

（五）管路计算

1. 课程内容

概述；简单管路的计算；串联与并联管路的计算；管路计算基础；有压管中的水击；无压均匀流的计算。

2. 教学要求

(1) 掌握压力管路的基本类型、特点及水力计算方法；

(2) 掌握管路特性方程及其应用，明确管路阻抗的意义；

(3) 理解无压均匀流的概念及水力计算方法；

(4) 理解有压管中的水击现象，防止水击危害的措施；

(5) 了解枝状管网和环状管网的计算方法。

（六）孔口、管嘴出流和气体射流

1. 课程内容

孔口出流；管嘴出流；无限空间淹没紊流射流特征；圆截面射流的速度与流量变化规律；平面射流；温差或浓差射流；射流弯曲；有限空间射流简介。

2. 教学要求

(1) 掌握孔口、管嘴出流的特点及计算方法，作用水头的含义；

(2) 掌握无限空间淹没紊流射流特征；

(3) 理解圆截面射流的速度与流量变化规律；

(4) 了解温差与浓差射流的特性；

(5) 了解有限空间射流结构及动力特性。

（七）离心式泵与风机的构造及理论基础

1. 课程内容

泵与风机的分类与应用；离心式泵与风机的基本构造、工作原理；离心式泵与风机的基本性能参数；离心式泵与风机的基本方程；离心式泵与风机的性能曲线；离心式泵的气蚀与安装高度；力学相似性原理；相似律与比转数。

2. 教学要求

(1) 掌握离心式泵与风机的工作原理、性能参数以及性能曲线变化规律；

(2) 掌握相似律与比转数的概念，以及相似律的实际应用；

(3) 掌握离心泵安装高度的确定方法；

(4) 理解离心式泵与风机的基本方程，主要着重于方程式物理意义的阐述；

(5) 理解风机的无因次性能曲线；

(6) 了解离心式泵与风机的基本构造；

(7) 了解水泵气蚀的概念。

（八）离心式泵与风机的运行分析与选择

1. 课程内容

管路性能曲线与工作点；泵与风机的联合运行；泵与风机的工况调节；泵与风机的选用；常见故障的分析与排除。

2. 教学要求

(1) 掌握离心式泵与风机联合运行的特点及工况分析；

(2) 掌握泵与风机工况调节的方法；

(3) 掌握泵与风机的选用原则及方法；

(4) 理解工作点的含义以及如何确定工作点；

(5) 了解管路性能曲线；

(6) 了解离心式泵与风机常见故障的分析与排除。

（九）其他常用泵与风机

1. 课程内容

轴流式泵与风机；管道泵；真空泵与空压机；往复式泵；贯流式风机。

2. 教学要求

(1) 理解轴流式泵与风机的工作原理，性能特点，以及选用方法；

(2) 了解其他常用泵与风机的基本构造，工作原理，性能特点。

四、学时分配

序号	课程内容	总学时	其中		
			讲授	习题课	实验课
（一）	绪论	3	3		
（二）	流体静力学	10	6	2	2
（三）	一元流体动力学	11	9		2
（四）	流动阻力与能量损失	14	8	2	6
（五）	管路计算	8	8		
（六）	孔口、管嘴出流和气体射流	8	6		
（七）	离心式泵与风机的构造与理论基础	11	11		
（八）	离心式泵与风机的运行分析与选择	9	9		
（九）	其他常用泵与风机	2	2		
	总计	75	61	4	10

五、实践教学环节安排

序号	实践教学内容	教学要求	学时
1	流体静力学实验	掌握用测压管测量流体静压强的技能	2
2	能量方程（伯诺里方程）实验	掌握有压管流中动力学的能量转换特性，及流速、流量等实验量测技能	2
3	雷诺实验	掌握圆管流态判别准则，测定临界雷诺数	2
4	沿程水头损失实验	掌握管道沿程阻力系数的量测技术	2
5	局部水头损失实验	掌握三点法、四点法量测局部阻力系数的技能	2

六、教学大纲说明

教学中应重视习题课、实验课及演示实验的开出，大纲里没有要求的实验，如文丘里流量计、毕托管、动量方程实验等，可以让同学们选做，以培养学生分析与应用能力和实验的动手能力。

（1）本课程以课堂教学为主，配以多媒体教学手段以提高教学效果与效率；

（2）学时分配表可根据教学要求，按学时安排适当调整；

（3）课后习题布置应结合教学内容选择紧密结合适用专业的应用性题目，可增加一定数量的思考题以帮助学习理解和消化基本概念。

附注　执笔人：白　桦　白扩社

8 热工学基础

一、课程的性质与任务

热工学基础是建筑设备类专业的一门主要的专业基础课,是从事本专业工作的技术人员必须掌握的基础理论知识。它包括"工程热力学"、"传热学"两部分内容。

本课程的主要任务是通过课程的学习,使学生掌握有关热力学基本定律、工质的状态参数及其变化规律等基础理论知识;掌握导热、对流、热辐射换热的基本定律以及稳定传热的基本计算;掌握换热器的换热原理、热工计算及换热器传热过程的强化。为学习专业知识奠定必要的热力分析与热工计算的理论基础和基本技能。

二、课程的基本要求

通过本课程的教学,学生应达到下列基本要求:

(1)掌握工质气体状态参数、理想气体状态方程,并能进行气体基本热力过程的分析和简单计算;

(2)掌握热力学第一定律的实质及其能量方程的应用,掌握热力学第二定律的实质和意义;

(3)掌握卡诺循环及卡诺定律、热泵的理论基础;

(4)了解水蒸气的热力性质及相应的图表,并能应用这些图表进行热力过程分析和计算;

(5)了解湿空气的热力性质及相应的图表,并能应用这些图表进行热力过程分析和计算;

(6)理解气体和蒸气的节流、气体压缩与制冷循环的基本原理及工程应用;

(7)理解导热、对流、辐射三种基本热量传递方式的基本定律及应用;掌握稳定导热、简单非稳定导热、对流换热、辐射换热的计算;

(8)掌握平壁、圆筒壁、肋壁稳定传热的计算,并了解传热增强与削弱的方法与措施;

(9)了解换热器的类型、换热原理、基本构造,掌握换热器的性能评价与选用计算;

三、课程内容和教学要求

(一)绪论

1. 课程内容

(1)热工理论基础的研究对象及主要内容;

(2)热能及其利用;

(3)热工理论基础与热力工程的发展。

2. 教学要求

(1) 了解本课程的性质及主要内容；

(2) 了解热工理论基础与热力工程的发展及能的利用；

(3) 了解本课程的研究对象及与专业的关系。

第一篇　工　程　热　力　学

(二) 工质与热力系统

1. 课程内容

热力系统等基本概念；工质及其基本状态参数；系统储存能及系统与外界传递的能量（热量和功量）。

2. 教学要求

(1) 掌握热力系统、边界、闭口系统、开口系统、绝热系统等几个基本概念；

(2) 掌握工质及其基本状态参数；

(3) 掌握热力过程、热力循环、可逆过程与不可逆过程的概念及在工程中的应用价值；

(4) 了解热力系统储存能，热力系统与外界能量（热量和功量）传递的形式。

(三) 热力学第一定律

1. 课程内容

热力学第一定律的实质；闭口系统的能量方程；开口系统稳定流动能量方程及其工质的焓；开口系统稳定流动能量方程的工程应用。

2. 教学要求

(1) 掌握热力学第一定律的内容及实质；

(2) 掌握闭口系统能量方程式，了解式中各项的含义、各项能量的正负规定；

(3) 理解稳定流动能量方程解析式及各项的含义，并掌握其在工程中的应用；

(4) 掌握焓的概念，并明确焓为工质参数的状态性和计量的相对性。

(四) 理想气体的热力性质及热力过程

1. 课程内容

理想气体，理想气体状态方程及其应用，比热及热量计算，*混合气体、理想气体的基本热力过程及过程中内能、焓、热量、功量的计算。

2. 教学要求

(1) 掌握理想气体的概念，掌握理想气体状态方程及其应用；

(2) 掌握定值热容、平均热容计算热量的方法；

(3) 了解定压热容、定容热容及比热容、体积热容、千摩尔热容的概念及其关系；

(4) 掌握容积成分、总压力和分压力的概念及其相互间的关系；

(5) 了解三种成分的表示方法及换算关系；

(6) 了解混合气体的平均分子量及气体常数的求法；

(7) 掌握理想气体（定容、定压、等温、绝热、多变）基本热力过程的热量、功量、焓变化量和内能变化量的计算。

(五) 热力学第二定律

1. 课程内容

热力循环及热效率；热力学第二定律；熵、温熵图；卡诺循环。

2. 教学要求

(1) 了解自发进行的热力过程的方向性和热力循环的概念及类型；

(2) 掌握热力学第二定律的表示方法及工程意义；

(3) 了解熵的基本概念，掌握温熵图在热力过程、热力循环的分析和计算中的应用；

(4) 了解卡诺循环及其在工程中的实用价值。

(六) 水蒸气

1. 课程内容

液体的物态变化；定压下水蒸气的生产过程及在 $p—V$ 图上的描述；水蒸气状态参数和水蒸气表；水蒸气的焓熵图及其应用。

2. 教学要求：

(1) 了解液体物态变化的一些基本知识；

(2) 了解水蒸气的定压生产过程；

(3) 了解水蒸气 $p—V$ 图的绘制过程；

(4) 掌握水蒸气表及水蒸气焓熵图的应用。

(七) 湿空气

1. 课程内容

湿空气的性质、组成和状态参数；湿空气的焓湿图；有关湿空气处理的热力过程。

2. 教学要求

(1) 了解湿空气的性质和状态参数（温度、压力、绝对温度、相对温度、露点温度、湿球温度、含湿量、密度、焓等）的含义以及湿空气状态参数之间的关系；

(2) 熟练掌握湿空气焓湿图，并能应用于工程上湿空气处理的各热力过程。

(八) 气体和蒸气的流动与节流

1. 课程内容

绝热稳定流动的基本方程；气体在喷管和扩压管内压力和流速间的变化规律；喷管、扩压管和节流的工程应用。

2. 教学要求

(1) 了解绝热稳定流动的基本方程；

(2) 理解气体在喷管和扩压管内压力与流速间的相互关系及流速变化与截面变化的关系，并掌握选择喷管和扩压管形状类型的方法；

(3) 了解喷管、扩压管和节流在工程中的实际应用。

(九) 气体的压缩和制冷循环

1. 课程内容

活塞式压气机的压缩过程及余隙容积、多级压缩、中间冷却的分析；空气压缩式制冷循环和回热式空气压缩式制冷循环的分析；蒸气压缩式制冷循环的分析；蒸气喷射式制冷循环、吸收式制冷循环和热泵供热循环的简介。

2. 教学要求

(1) 了解活塞式压气机的压缩过程，以及余隙容积、多级压缩、中间冷却对压气机的

影响;

(2) 了解各类制冷循环的工作原理与过程;

(3) 掌握空气压缩式制冷循环和蒸气压缩式制冷循环的分析与有关计算。

第二篇 传 热 学

(十)稳定导热

1. 课程内容

导热的基本概念;导热基本定律——傅立叶定律及导热系数;导热"欧姆定律"和导热的模拟电路;通过平壁、圆筒壁和肋壁的稳定导热计算。

2. 教学要求

(1) 了解温度场、等温面、等温线、温度梯度的基本概念;

(2) 掌握傅立叶定律和导热系数的物理含义及影响因素;

(3) 掌握通过平壁、圆筒壁和肋片的稳定导热计算;

(4) 理解热阻、导热"欧姆定律"和导热的模拟电路在导热上的运用。

(十一)不稳定导热

1. 课程内容

不稳定导热的基本概念;导热过程的数学描述——导热微分方程和单值性条件;对流换热条件下的不稳定导热;常热流作用下的不稳定导热;周期性不稳定导热。

2. 教学要求

(1) 了解不稳定导热的概念;

(2) 理解导热微分方程式,并能结合实际进行简化;

(3) 掌握对流换热条件下、常热流作用下和周期性变化条件下不稳定导热的有关计算。

(十二)对流换热

1. 课程内容

对流换热的基本概念;影响对流换热过程的因素;相似理论基础及其在对流换热计算中的应用;流体自然对流的换热;流体强迫对流的换热;变相流体的换热。

2. 教学要求

(1) 了解对流换热的机理、特点及影响对流换热强弱的重要因素;

(2) 了解相似理论及其对对流换热有影响的有关相似准则含义;

(3) 掌握各自然对流、强迫对流和变相流体换热准则方程的应用计算。

(十三)辐射换热

1. 课程内容

热辐射的基本概念(热辐射的本质和特点、吸收率、反射率、透射率、黑体、灰体);热辐射的基本定律(普朗克定律、维恩定律、斯蒂芬—波尔茨曼定律、克希荷夫定律)和实际物体的辐射;辐射换热空间热阻、表面热阻的概念及计算;两物体表面间的辐射换热计算;气体辐射。

2. 教学要求

(1) 了解热辐射的基本概念、本质、特点;

(2) 掌握热辐射的基本定律和实际物体的辐射计算；

(3) 掌握空间热阻、表面热阻及角系数概念和计算；

(4) 掌握任意两物体表面间的辐射换热计算（能进行平行平壁间及密闭空间内物体和周围壁面间辐射换热的计算）；

(5) 了解遮热板遮热的作用；

(6) 了解气体辐射的特点、吸收定律和气体的辐射换热计算。

（十四）传热计算及传热的增强与削弱

1. 课程内容

复合换热与传热的概念及计算处理方式；通过平壁、圆筒壁、肋壁的稳定传热；传热的增强和削弱。

2. 教学要求

(1) 了解复合换热与传热的概念及计算处理方式；

(2) 掌握平壁、圆筒壁和肋壁的稳定传热计算；

(3) 了解增强传热和削弱传热的基本途径与措施。

（十五）换热器

1. 课程内容

换热器的基本类型与构造；换热器的平均传热温差；换热器选型计算的方法、步骤与内容；换热器选型计算的实例。

2. 教学要求

(1) 了解换热器的工作原理、类型、构造和使用场所；

(2) 掌握各基本形式换热器平均传热温差的计算；

(3) 掌握换热器的有关选型计算的方法与步骤。

四、学时分配建议

序号	内容	三年制			
		小计	讲课	实验	习题
（一）	绪论	2	2		
	第一篇　工程热力学	46	41	2	3
（二）	工质与热力系统	4	4		
（三）	热力学第一定律	4	4		
（四）	理想气体的热力性质及热力过程	7	6		1
（五）	热力学第二定律	6	6		
（六）	水蒸气	7	6		1
（七）	湿空气	9	6	2	1
（八）	气体和蒸气的流动与节流	4	4		
（九）	气体压缩和制冷循环	5	5		
	第二篇　传热学	40	34	2	4
（十）	稳定导热	6	4	2	

续表

序　号	内　容	三　年　制			
		小　计	讲　课	实　验	习　题
（十一）	不稳定导热	6	5		1
（十二）	对流换热	10	9		1
（十三）	辐射换热	6	6		
（十四）	传热计算及传热的增强与削弱	4	4		
（十五）	换热器	8	6		2
	机动	2	2		
	合　计	90	79	4	7

五、实践教学环节

（一）习题课

根据教学情况，可安排 8 次左右的习题课，具体内容如下：

（1）热力学第一定律进行热力过程的功量和热量计算；
（2）水蒸气焓—熵图应用的计算；
（3）湿空气的焓—湿图应用的计算；
（4）平壁、圆筒壁和肋壁导热的计算；
（5）不稳定导热的计算；
（6）对流换热方面的计算；
（7）辐射换热方面的计算；
（8）换热器选型的计算。

（二）实验

（1）材料的导热系数实验；
（2）湿空气温度、压力和湿度的测定。

六、教学大纲说明

（1）本大纲根据高等职业教育供热通风与空调工程技术专业教育标准和培养方案编写；

（2）应重视习题课、实验课或演示实验的开出，以培养解决工程实际计算的能力和实验动手能力；

（3）教学中应重视多媒体等现代教育技术的应用，以提高教学的效果与效率；

（4）要注意改革考核手段与方法，可通过课堂提问、学生作业、平时测验、实验及考试情况综合评价学生成绩，考试形式也可采用开卷，以减少不必要的死记硬背，而注重课程内容的理解能力。

附注　执笔人：刘春泽　余　宁

9 建筑给水排水工程

一、课程的性质和任务

本课程是供热通风与空调工程技术专业的一门主要专业课。本课程的主要任务是使学生掌握建筑给水、排水、消防和热水供应各系统的组成、功能、管路布置、常用设备及设计计算理论，具有从事建筑给排水工程设计、施工和运行管理的初步能力。

二、课程的基本要求

（1）了解市政给排水系统的组成及其水处理的基本流程；了解市政给排水管网的特点；

（2）熟悉建筑给排水系统中常用的管材、阀门、水表、卫生器具及冲洗设备的类型与作用；

（3）掌握建筑给水系统的组成、所需水压的计算方法及给水方式的选择；熟悉管道的布置与敷设要求及给水常用设备；掌握建筑用水定额与给水管道的水力计算方法；了解高层建筑给水系统的特点；

（4）掌握室内消火栓给水系统和湿式自动喷水灭火系统的组成与水力计算方法；了解高层建筑消防给水系统的特点；

（5）掌握建筑排水系统的组成和排水体制；熟悉管道的布置与敷设要求；掌握建筑排水定额与排水管道的水力计算方法；了解新型单立管排水系统、屋面雨水排水系统、建筑中水系统和高层建筑排水系统；

（6）熟悉建筑热水供应系统的分类、组成和供应方式；掌握室内热水供应系统的管网计算方法、水加热设备的选择与计算方法；了解太阳能热水系统、饮水供应系统及高层建筑热水供应系统的特点；

（7）熟悉小区给水排水系统管道的布置与水力计算方法；

（8）掌握建筑给排水设计的程序和方法；熟悉应用 CAD 进行建筑给排水设计。

三、课程内容及教学要求

（一）绪论

1. 课程内容

建筑给排水的地位及作用；我国建筑给排水的发展过程；建筑给排水工程体系的组成；学习本专业课的方法和要求。

2. 教学要求

（1）了解建筑给排水工程在给水排水工程中的地位及作用；

（2）了解我国建筑给排水的发展过程；

（3）了解建筑给排水工程体系的组成。

（二）市政给水排水工程概述

1. 课程内容

市政给水系统概述；市政排水系统概述。

2. 教学要求

（1）了解市政给水系统的组成、常规地表水给水处理工艺流程及市政给水管网的特点；

（2）了解市政排水系统的组成、市政排水管道的特点及城市污水处理流程；

（3）掌握城市排水体制的概念。

（三）管材、器材及卫生器具

1. 课程内容

管材；管道附件及水表；卫生器具及冲洗设备。

2. 教学要求

（1）熟悉建筑给排水系统中常用的管材种类及其特点；

（2）熟悉常用阀门、水表的类型和作用；

（3）熟悉卫生器具及冲洗设备的工作原理和安装。

（四）建筑给水系统

1. 课程内容

建筑给水系统的分类与组成；建筑给水所需水压；建筑给水方式；建筑给水管道的布置与敷设；水质污染现象及其防治措施；建筑用水定额与设计秒流量；给水管道的水力计算；增压和贮水设备；高层建筑给水系统的特点。

2. 教学要求

（1）掌握建筑给水系统的组成、分类及所需的水压计算方法；

（2）掌握常用给水方式的特点及其适用条件；

（3）熟悉建筑给水系统管道的布置与敷设要求；

（4）了解室内给水水质标准，掌握防止水质污染的具体措施；

（5）掌握建筑用水定额与给水管道的水力计算方法；

（6）熟悉常用的增压和贮水设备；

（7）了解高层建筑给水系统的特点。

（五）建筑消防给水系统

1. 课程内容

消火栓给水系统的组成与布置；消火栓给水系统的水力计算；自动喷水灭火系统的组成与布置；自动喷水灭火系统的水力计算；高层建筑消防给水系统的特点；其他固定灭火设施概述。

2. 教学要求

（1）掌握消火栓给水系统的组成与水力计算方法；

（2）掌握自动喷水灭火系统的组成与水力计算方法；

（3）了解高层建筑消防给水系统的特点；

（4）了解雨淋灭火系统与气体灭火系统的组成。

（六）建筑排水系统

1. 课程内容

建筑排水系统的分类、体制与组成；新型单立管排水系统；建筑排水管道的布置与敷设；排水管系中水气流动的物理现象；建筑排水定额和设计秒流量；建筑排水管道的水力计算；污废水的抽升和局部处理；屋面雨水排水系统与水力计算；高层建筑排水系统的特点；建筑中水技术概述。

2. 教学要求

（1）掌握建筑排水系统的组成、排水体制；

（2）了解新型单立管排水系统的特点及应用；

（3）熟悉建筑排水系统管道的布置与敷设要求；

（4）熟悉排水管道中水气流动的物理现象；

（5）掌握建筑排水定额与排水管道的水力计算方法；

（6）了解污废水的抽升设备及污废水的局部处理构筑物；

（7）了解屋面雨水排水系统的组成和水力计算方法；

（8）了解高层建筑排水系统的特点和建筑中水技术的应用。

（七）建筑热水及饮水供应系统

1. 课程内容

建筑热水供应系统的分类、组成和供水方式；建筑热水供应系统的管材与附件；水加热设备；室内热水管网的布置与敷设；建筑热水的用水定额、水质和水温；热水量、耗热量、热媒耗量的计算；热水加热设备及贮存设备的选择与计算；热水管网的水力计算；太阳能热水供应系统；饮水供应系统；高层建筑热水供应系统的特点。

2. 教学要求

（1）熟悉建筑热水供应系统的分类、组成和供应方式；

（2）了解建筑热水供应系统中常用的管材和附件；

（3）熟悉各类水加热设备的特点；

（4）熟悉建筑热水供应系统管道的布置与敷设要求；

（5）掌握水加热设备的选择与计算方法；

（6）掌握热水用水量、耗热量、热媒耗量及热水管网的计算方法；

（7）了解太阳能热水系统、饮水供应系统、高层建筑热水供应系统的特点。

（八）小区给排水系统

1. 课程内容

小区给水系统管道的布置与水力计算；小区排水系统管道的布置与水力计算。

2. 教学要求

（1）熟悉小区给水排水系统管道的布置要求；

（2）熟悉小区给水排水系统管道的水力计算方法。

（九）建筑给排水设计实例

1. 课程内容

设计程序和要求；设计实例；CAD 在建筑给排水设计中的应用。

2. 教学要求

(1)掌握建筑给排水设计的程序和方法；
(2)熟悉应用CAD进行建筑给排水设计。

四、学时分配

序　号	课 程 内 容	总学时	其　　中			
			讲　授	习题课	实验课	现场教学
(一)	绪论	1	1			
(二)	市政给水排水工程概述	4	4			
(三)	管材、器材及卫生器具	5	4			1
(四)	建筑给水系统	13	10	2		1
(五)	建筑消防给水系统	9	6	1		2
(六)	建筑排水系统	10	8	2		
(七)	建筑热水及饮水供应系统	12	9	2		1
(八)	小区给排水系统	4	4			
(九)	建筑给排水设计实例	10	8			2
	合　计	68	54	7		7

五、实践教学环节安排

序　号	实践教学内容	教　学　要　求	学　时
1	管材、器材的实物参观	了解常用管材、管件、配水龙头和阀门的种类及其安装方式	1
2	给水泵及气压给水装置实物参观	了解给水泵及气压给水装置的构造、安装及运行	1
3	消防给水系统实物参观	了解消火栓给水系统和自动喷水灭火系统的组成及功能	2
4	建筑热水供应系统参观	了解建筑热水供应系统的组成及管路布置	1
5	参观整个建筑给排水系统	了解整个建筑给排水系统的组成	2
6	课程设计	某多层公共建筑给排水系统的设计	1周

六、教学大纲说明

(1)本课程需要配合大量的图片进行讲授，配合多媒体课件授课效果将更佳；
(2)建筑中水技术、太阳能热水供应系统、饮水供应系统视各校的课时可选修；
(3)有条件时，课程设计采用专业设计软件进行，这样课程设计内容的广度和深度可增加，并使学生能适应设计单位的设计环境；
(4)本课程的考核方式为考试形式。

附注　执笔人：蔡可键

10 供 热 工 程

一、课程的性质和任务

供热工程是供热通风与空调工程技术专业的一门主要专业课。本课程的任务是使学生掌握采暖系统和集中供热系统的工作原理、组成及形式；掌握一般热水采暖系统和集中供热系统设计的基本原理、方法和步骤；熟悉蒸气及辐射采暖系统的基本原理与设计方法；了解常用设备、附件的构造、原理，并掌握选用方法；理解水力工况分析的基本原理和分析方法。

二、课程的基本要求

（1）掌握采暖系统设计热负荷、集中供热系统热负荷计算的基本方法；
（2）掌握采暖系统、集中供热系统设计的基本原理、方法和步骤；
（3）掌握系统形式和有关设备的选择方法，能合理进行管道布置和敷设；
（4）掌握采暖系统及集中供热管网水力计算；
（5）理解热水热网水压图的原理组成、作用；
（6）理解热水热网水力工况分析原理和方法；
（7）了解采暖系统和集中供热系统的工作原理、组成、形式；
（8）了解蒸气热网的特点及水力计算方法；
（9）了解各种设备、附件的分类构造，理解各种设备、附件工作原理。

三、课程内容及教学要求

（一）供热工程的基本概念
1. 课程内容
供热工程的研究对象及发展概况；集中供热的基本概念；采暖工程的基本概念。
2. 教学要求
（1）掌握室内外空气计算参数的概念及确定方法；
（2）理解供热、供热系统、采暖及采暖期的含义；
（3）了解供热技术的发展概况及未来的发展前景；
（4）了解供热工程的研究对象；
（5）了解集中供热系统的分类及基本形式；
（6）了解采暖系统的分类。

（二）采暖系统设计热负荷
1. 课程内容
采暖系统设计热负荷；围护结构的基本耗热量；围护结构的附加（修正）耗热量；冷风渗透耗热量；分户计量采暖热负荷；围护结构的最小传热热阻和经济传热热阻；采暖设计

热负荷计算例题。

2. 教学要求

(1) 掌握围护结构耗热量的计算方法；
(2) 掌握冷风渗透耗热量计算方法；
(3) 掌握围护结构最小传热热阻的确定方法；
(4) 掌握一般建筑物采暖热负荷的计算；
(5) 理解热负荷计算的基本原理；
(6) 理解分户计量采暖热负荷的确定方法；
(7) 了解经济传热热阻的概念。

(三) 热水采暖系统

1. 课程内容

自然循环热水采暖系统；机械循环热水采暖系统；热水采暖系统管道布置与敷设；分户计量热水采暖系统；采暖系统施工图。

2. 教学要求

(1) 掌握热水采暖系统管路布置和敷设方法；
(2) 掌握一般建筑物采暖施工图设计方法、步骤；
(3) 理解自然循环和机械循环热水采暖系统的工作原理；
(4) 了解自然循环和机械循环热水采暖系统的基本形式；
(5) 了解分户计量热水采暖系统特点。

(四) 采暖系统散热设备与附属设备

1. 课程内容

散热器；暖风机；热水采暖系统的附属设备。

2. 教学要求

(1) 掌握采暖散热器及附属设备的选型和布置；
(2) 掌握采暖散热器及附属设备的选择计算；
(3) 了解常用采暖散热器及附属设备的构造、类型、原理。

(五) 热水采暖系统的水力计算

1. 课程内容

水力计算的基本原理；采暖系统水力计算的任务和方法；自然循环热水采暖系统的水力计算；机械循环热水采暖系统的水力计算。

2. 教学要求

(1) 掌握自然循环及机械循环热水采暖系统水力计算的方法、步骤；
(2) 掌握常用的水力计算图表，能够进行一般热水采暖系统的水力计算；
(3) 理解水力计算的基本原理；
(4) 了解采暖系统水力计算的任务和方法。

(六) 辐射采暖

1. 课程内容

辐射采暖基本概念；热水辐射采暖系统；辐射采暖系统的设计计算；其他辐射采暖。

2. 教学要求

(1) 掌握辐射采暖设备及管道的布置，一般设计计算方法；
(2) 了解辐射采暖的概念、特点；
(3) 了解辐射板分类、构造；
(4) 了解其他辐射采暖。

（七）蒸汽采暖系统

1. 课程内容

蒸汽采暖系统的基本原理和特点；蒸汽采暖系统；蒸汽采暖系统的管路布置及附属设备；低压蒸汽采暖系统的水力计算；高压蒸汽采暖系统水力计算。

2. 教学要求

(1) 掌握蒸汽采暖系统附属设备的选择；
(2) 掌握蒸汽采暖系统的管路及设备的布置；
(3) 熟悉常用的水力计算图表，能够进行一般蒸汽采暖系统的水力计算；
(4) 理解蒸汽采暖系统的基本原理和特点；
(5) 理解蒸汽采暖系统水力计算的基本原理和方法；
(6) 了解蒸汽供暖系统的分类和主要形式。

（八）集中供热系统

1. 课程内容

集中供热系统方案的确定；热水供热系统；蒸汽供热系统；热网系统形式。

2. 教学要求

(1) 掌握集中供热系统方案热源形式、热媒种类及参数的确定；
(2) 理解集中供热系统方案的确定原则；
(3) 了解热水供热系统热用户与热网的连接方式；
(4) 了解蒸汽供热系统热用户与热网的连接方式、凝结水系统的组成；
(5) 了解常用热网系统形式。

（九）供热管网的水力计算

1. 课程内容

集中供热系统的热负荷；热水热网水力计算的基本原理；热水热网的水力计算；蒸汽热网的水力计算；凝结水管网的水力计算。

2. 教学要求

(1) 掌握集中供热系统的热负荷计算方法；
(2) 掌握热水热网的水力计算原理、方法和步骤；
(3) 熟悉蒸汽热网的水力计算原理、方法和步骤；
(4) 熟悉凝结水管网的水力计算方法与步骤；
(5) 能够利用水力计算图表进行水力计算；
(6) 能够进行一般供热管网的水力计算。

（十）热水热网的水压图与水力工况

1. 课程内容

水压图的基本概念；热水热网水压图；热水热网的定压和水泵选择；热水热网的水力工况。

2. 教学要求

(1) 掌握绘制水压图的方法和步骤;

(2) 掌握循环水泵和补水泵选择;

(3) 理解水压图的基本原理、组成和作用;

(4) 能够利用水压图对用户和热网进行水力状况分析;

(5) 了解热水热网水力工况分析的基本原理。

(十一) 集中供热系统的热力站及主要设备

1. 课程内容

集中供热系统的热力站;集中供热系统的主要设备。

2. 教学要求

(1) 掌握各种热力站的组成;

(2) 能够正确选择集中供热系统的主要设备;

(3) 了解各种设备的种类、构造及作用;

(4) 了解常用调节控制设备。

(十二) 供热管网的布置与敷设

1. 课程内容

供热管网的布置原则;供热管道的敷设方式;管道热膨胀及其补偿器;管道支座(架);供热管道及排水放气;供热管道的检查室及检查平台;管道和设备的保温与防腐;供热管网施工图。

2. 教学要求

(1) 掌握供热管道补偿器的选择及计算方法;

(2) 掌握管道支座(架)的选择及设置;

(3) 掌握管道与设备的保温与防腐方法及材料选用;

(4) 理解供热管道的平面布置原则;

(5) 能够进行一般室外供热管网系统的设计;

(6) 了解室外供热管道的敷设方式。

四、学时分配

序 号	课 程 内 容	总学时	其 中		
			讲 授	习题课	参 观
(一)	供热工程的基本概念	3	3		
(二)	采暖系统设计热负荷	8	6	2	
(三)	热水采暖系统	10	10		
(四)	采暖系统散热设备与附属设备	8	6		2
(五)	热水采暖系统的水力计算	8	4	4	
(六)	辐射采暖	4	4		
(七)	蒸气采暖系统	6	4	2	
(八)	集中供热系统	6	4		2
(九)	供热管网的水力计算	7	3	4	

续表

序 号	课 程 内 容	总学时	其 中		
			讲 授	习题课	参 观
（十）	热水热网的水压图与水力工况	8	8		
（十一）	集中供热系统的热力站及主要设备	6	4		2
（十二）	供热管网的布置与敷设	8	8		
（十三）	机动	4	4		
	合　计	86	68	12	6

五、实践教学环节安排

1. 现场教学

序 号	实践教学内容	教 学 要 求	学 时
1	采暖系统、采暖散热设备与附属设备	了解采暖系统、集中供热系统形式及附件；了解采暖系统、集中供热系统常用设备及构造；了解热交换站的工艺流程、系统组成及设备布置；提高学生对系统、设备的感性认识，提高教学效果	2
2	集中供热系统		2
3	集中供热系统热交换站及附属设备		2

2. 课程设计安排一周，设计内容为采暖系统或供热管网设计，目的是加强对理论知识的理解，同时，掌握采暖系统或供热管网设计的方法、步骤。

六、教学大纲说明

（1）本大纲适用于高职三年制；

（2）本课程以课堂教学为主，教学中应注意利用多媒体手段，并尽量多展示各种类型的系统形式、设备构造等，以达到良好的教学效果；

（3）理论教学时数、实践教学时数可根据各校情况作调整；

（4）课程设计可随理论教学进程同步进行。课程设计内容、时间可根据各校情况调整。

附注　执笔人：蒋志良　谭翠萍

11 锅炉与锅炉房设备

一、课程的性质与任务

锅炉与锅炉房设备是供热通风与空调工程技术专业的一门主要专业课。其任务是使学生掌握工业锅炉本体和辅助设备的工作原理、组成构造、设备与管路布置及选择计算的知识；了解锅炉房运行管理的基本知识；能够识读和绘制锅炉房工艺安装工程施工图。

二、课程的基本要求

（1）掌握热水锅炉、蒸汽锅炉的工作原理、构造、特点及适用范围；掌握常见工业锅炉的炉型；

（2）建立锅炉热平衡的概念，提高节能意识，明确减少热损失及提高锅炉热效率的途径；

（3）掌握锅炉燃烧设备的类型与适用范围；

（4）掌握锅炉的通风方式、通风系统的组成和通风设备的选择计算，了解锅炉房燃料的输送与灰渣的清除方式和常用设备的特点，提高环保意识，了解烟气排放标准与除尘方式以及常用设备的特点，了解烟气的测量仪器；

（5）了解低压锅炉的水质指标与水质标准，掌握锅炉常用给水设备的选择和运行；

（6）了解锅炉房工艺设计的基本知识，掌握锅炉房热力组成，能够识读锅炉房工艺安装工程施工图。

三、课程内容及教学要求

（一）绪论

1. 课程内容

本课程研究的主要内容；供热锅炉房在国民经济发展中的地位；本课程的学习方法和要求。

2. 教学要求

了解本课程研究的主要内容及学习方法。

（二）锅炉房设备的基本知识

1. 课程内容

锅炉的用途与分类；锅炉本体与锅炉辅助设备的组成；锅炉主要性能指标；工业锅炉型号表示法。

2. 教学要求

（1）了解锅炉本体和辅助设备的组成，建立锅炉房整体概念；

（2）了解锅炉的基本特性及工业锅炉型号的表示方法。

（三）燃料与燃烧计算

1. 课程内容

锅炉燃料的种类；燃料的元素分析成分及工业分析成分；燃料燃烧所需空气量和产生烟气量的计算；烟气分析。

2. 教学要求

（1）了解燃料的种类与燃料元素成分的特征；

（2）掌握燃料发热量的计算；

（3）掌握燃料燃烧所需空气和产生烟气量的计算；

（4）了解烟气分析的内容、烟气测量的仪器和测量方法。

（四）锅炉的热平衡

1. 课程内容

锅炉的热平衡；锅炉各项热损失；锅炉效率与燃料消耗量的计算；锅炉热平衡试验要求。

2. 教学要求

（1）了解锅炉的热平衡；

（2）掌握用正平衡法和反平衡法计算锅炉效率的意义和方法；

（3）了解造成锅炉各项热损失的原因和减少热损失的措施；

（4）掌握燃料消耗量的计算方法，了解锅炉热平衡试验的要求。

（五）工业锅炉的构造

1. 课程内容

锅筒及其内部装置；水冷壁及对流管束；附加受热面（蒸气过热器、省煤器、空气预热器）；炉墙与钢架；吹灰器；安全附件（给水调节装置、安全阀、水位表及水位报警器等）。

2. 教学要求

（1）掌握锅筒内部装置、水冷壁、对流管束、附加受热面的作用及构造特点；

（2）了解锅炉水循环的原理；

（3）了解炉墙、钢架、吹灰器的作用和构造；

（4）了解安全附件（给水调节装置、安全阀、水位表及水位报警器等）的作用和设置要求；

（六）锅炉的燃烧设备

1. 课程内容

燃料的燃烧过程及燃烧条件；炉膛；燃煤锅炉（手烧炉、双层炉排炉、链条炉、往复推动炉排炉、抛煤机炉、煤粉炉、流化床炉），燃油炉，燃气炉。

2. 教学要求

（1）了解锅炉燃烧设备的组成、作用及分类；

（2）掌握燃料的燃烧过程与燃烧条件；

（3）掌握典型燃烧设备的结构特点及工作过程。

（七）工业锅炉的炉型及其选择

1. 课程内容

锅炉炉型的发展简况；锅壳锅炉（立式、卧式锅炉）；水管锅炉；热水锅炉；锅炉炉型的选择。

2. 教学要求

（1）了解锅炉炉型的演变过程；

（2）掌握常用锅炉炉型的构造和特点；

（3）掌握锅炉房热负荷的确定和锅炉炉型的选择。

（八）锅炉房的燃料供应、除灰渣和烟气净化

1. 课程内容

贮煤场，运煤系统及设备；锅炉房燃油燃气供应系统；灰渣场与除灰渣系统及设备；烟尘危害及排放标准；锅炉房常用除尘器的类型与选择。

2. 教学要求

（1）了解燃料供应系统及其常用设备与布置要求；

（2）掌握计算锅炉房燃料消耗量和灰渣量的方法；

（3）了解除灰渣系统、常用设备与布置要求；

（4）了解贮煤场、灰渣场的尺寸确定方法，了解燃气供应的有关附件；

（5）掌握烟尘排放标准及常用除尘器的类型、特点与选择。

（九）锅炉的通风

1. 课程内容

锅炉的通风方式；风烟管道的设计及阻力计算；烟囱构造及计算；送、引风机的选择与布置。

2. 教学内容

（1）了解锅炉房的通风方式及适应范围；

（2）掌握风烟管道的构造、截面计算及风烟管道阻力的确定方法；

（3）了解烟囱的构造、作用，掌握其高度及出口直径的计算；

（4）掌握通风设备的选择计算及布置要求。

（十）锅炉给水处理

1. 课程内容

水中杂质及其危害；水质指标与水质标准；锅炉给水过滤；钠离子交换软化和除碱；离子交换设备及其运行；离子交换设备的选择计算；盐溶液制备系统；其他软化方法；锅炉给水除氧；锅炉给水除铁；锅炉排污。

2. 教学要求

（1）了解水中各种杂质及其危害；

（2）掌握锅炉给水的水质指标和水质标准、钠离子交换软化和除碱原理及除铁原理；

（3）掌握固定床钠离子交换软化设备的选择计算及运行操作步骤；

（4）了解其他水处理方法；

（5）掌握给水除氧的原理和方法；

（6）了解锅炉的排污方法，掌握排污量的计算。

（十一）锅炉房汽、水系统

1. 课程内容

锅炉的给水系统及设备；蒸汽系统；热水系统；汽、水管道的设计；工业锅炉房的热力系统图。

2. 教学要求

(1) 掌握锅炉房汽、水系统的组成，并能够识读与绘制锅炉房热力系统图；

(2) 掌握给水设备的选择计算；

(3) 掌握汽水管道的布置要求；

(4) 了解连续排污扩容器的选择。

(十二) 锅炉房工艺设计

1. 课程内容

锅炉房工艺设计的原则与程序；设计的原始资料；锅炉房在总图上的位置；锅炉房的布置；对有关专业的技术要求；锅炉房设计布置示例。

2. 教学要求

(1) 了解锅炉房工艺设计的原则与程序及所需的原始资料；

(2) 了解锅炉工艺设计对有关专业的技术要求；

(3) 能够识读和绘制锅炉房工艺安装施工图。

(十三) 锅炉房的运行管理

1. 课程内容

烘炉与煮炉，锅炉启动与正常运行，停炉及保养，锅炉事故，锅炉的自动控制，工业锅炉的节能。

2. 教学要求

(1) 了解锅炉烘炉与煮炉的基本知识；

(2) 掌握锅炉的启动与正常运行的基本知识；

(3) 了解锅炉的自动控制的基本知识。

四、学时分配

序号	教学内容	授课时数	实验实习	习题	合计
(一)	绪论	2			2
(二)	锅炉房设备的基本知识	4			4
(三)	燃料与燃烧计算	6			6
(四)	锅炉的热平衡	6			6
(五)	工业锅炉的构造	6			6
(六)	锅炉的燃烧设备	6			6
(七)	工业锅炉的炉型及其选择	6	4		10
(八)	锅炉的燃料供应、除灰渣与烟气净化	6			6
(九)	锅炉的通风	6			6
(十)	锅炉给水处理	6			6
(十一)	锅炉房汽水系统	6			6
(十二)	锅炉房工艺设计	4	4		8
(十三)	锅炉房的运行管理	4	4		8
	合计	68	12		80

五、实践性教学环节

（一）参观

通过参观使学生对锅炉和锅炉房工艺有感性认识，加深理解课程内容。

(1) 选择工业锅炉生产厂家参观锅炉及燃烧设备，使学生对锅炉本体的组成及各种炉型有初步的认识；

(2) 选择设备比较齐全、布置比较合理的供热锅炉房参观，使学生了解供热锅炉房各系统的设备布置、管道敷设的情况，对锅炉房的工艺流程有较全面的认识。

（二）课程设计

(1) 完成单机容量为 4.2MW 的热水锅炉房工艺设计；

(2) 教学要求：掌握锅炉房工艺设计的方法和步骤。

(3) 完成内容：

1) 锅炉房设备平面布置图一张；

2) 锅炉房管道平面图一张；

3) 锅炉房系统图一张；

4) 设计计算说明书一份。

附注　执笔人：王青山　夏喜英

12 通风与空调工程

一、课程的性质与任务

通风与空调工程是高等职业教育供热通风与空调工程技术专业的主要专业课之一。其任务是使学生掌握工业通风与空气调节系统和设备的工作原理、组成构造、工艺布置及有关设计计算的方法；掌握空调冷冻水系统管路的布置原则及有关计算；理解空调冷却水系统和组成、设备构造及选择方法；了解通风空调领域新技术、新工艺、新材料、新产品；能绘制通风空调系统施工图；具有从事一般通风与舒适性空调系统的设计、安装和设备选用的能力。

二、课程的基本要求

(1) 掌握通风方式及全面通风量的计算(重点介绍置换通风形式)；

(2) 掌握除尘及有害气体的净化方法；

(3) 掌握高层建筑加压送风系统、地下停车库等防火通风设置的特点；

(4) 掌握通风空调系统风道的设计计算方法；

(5) 初步掌握冷(热)、湿负荷的计算方法；掌握送风量的确定；掌握空气调节过程、空气调节设备、空气调节系统；

(6) 掌握室内空气品质的概念、评价标准及常见室内有害物的测试、降解方法；

(7) 掌握室内气流组织的基本方式；

(8) 掌握空调冷冻水系统管路的布置原则及有关计算；

(9) 理解影响全面通风气流组织的因素，能确定全面通风气流组织方案；

(10) 理解自然通风的作用原理；

(11) 理解空调冷却水系统和组成、设备构造及选择方法；

(12) 了解工业有害物的产生及危害，熟悉国家针对控制有害物而制定的各种标准、法规；

(13) 了解常见局部排气罩的设计计算方法；

(14) 了解空调冷源设备；

(15) 了解通风空调领域新技术、新工艺、新材料、新产品。

三、课程内容及教学要求

(一) 绪论

1. 课程内容

通风及空气调节系统的作用、任务和意义；发展概况及发展方向。

2. 教学要求

(1) 掌握通风与空气调节的作用、任务和意义，两者的联系与区别；
(2) 了解通风与空气调节的发展概况及发展方向。

（二）工业有害物的来源及危害

1. 课程内容

粉尘、有害气体（蒸气）、余热、余湿的来源及危害；有害物浓度、卫生标准、排放标准。

2. 教学要求

(1) 掌握粉尘及有害气体的浓度表示方法；
(2) 了解卫生标准及排放标准；
(3) 了解工业有害物的来源及散发机理，对人体、生产及环境的危害。

（三）通风方式

1. 课程内容

机械通风、自然通风、局部通风、全面通风、进气式通风、排气式通风；事故通风（包括建筑防排烟系统）。

2. 教学要求

(1) 掌握各种通风方式的分类、特点、系统的组成及适用范围；
(2) 掌握防火防烟分区划分原则；
(3) 掌握控制烟气的各种方法；
(4) 理解机械排烟、加压送风的设置要求；
(5) 了解火灾烟气的成分、危害及烟气的流动规律；
(6) 了解事故通风风量的计算；
(7) 了解高层建筑加压送风系统、地下停车库等防火通风的要求、特点。

（四）全面通风

1. 课程内容

工业有害物量计算；全面通风量的确定；全面通风气流组织；空气量平衡与热平衡；置换通风的基本方式。

2. 教学要求

(1) 掌握全面通风量的确定方法；
(2) 掌握通风房间空气量平衡与热平衡的意义和方法；
(3) 理解影响全面通风气流组织的因素，能确定全面通风气流组织方案；
(4) 理解置换通风的原理、基本方式及应用；
(5) 了解工业有害物量的确定方法。

（五）局部通风

1. 课程内容

局部送、排风系统的组成；密闭罩；外部吸气罩；大门空气幕；局部淋浴。

2. 教学要求

(1) 掌握局部送、排风系统的组成；
(2) 掌握常见的局部排气装置的种类及工作原理；
(3) 掌握外部吸气罩的类型及排风量计算；理解吸气口气流运动规律；

(4) 掌握大门空气幕设计计算方法；

(5) 理解防尘密闭罩的类型、适用范围、风量确定方法；

(6) 了解局部淋浴系统的基本原理及组成。

(六) 工业有害物的净化

1. 课程内容

粉尘的基本性质；除尘器效率；除尘机理；各类除尘器的工作原理及影响效率的主要因素；除尘器的选择；有害气体净化的一般知识。

2. 教学要求

(1) 掌握粉尘的基本性质及对除尘器和除尘系统的影响；

(2) 掌握除尘器机理及全效率、分级效率、串并联总效率计算方法；

(3) 掌握各类除尘器的工作原理及影响效率的主要因素；

(4) 掌握各类除尘器的适用范围及选择方法；

(5) 了解有害气体净化的基本原理与方法。

(七) 通风管道的设计计算

1. 课程内容

风道中流动阻力分析；风道设计计算方法与步骤；风道内空气压力分布；风道设计中的有关问题；通风工程施工图。

2. 教学要求

(1) 掌握风道中流动阻力计算方法及各项修正；

(2) 掌握流速控制法进行风道设计计算的方法与步骤；

(3) 掌握通风工程施工图的构造与要求，能识读和绘制通风工程施工图；

(4) 理解风道中空气压力分布规律，风道压力分布图的绘制方法；

(5) 了解风道的定型化、风道断面形状和材料的选择要求；

(6) 了解风道布置、系统划分的基本原则和防火防爆的措施。

(八) 自然通风

1. 课程内容

自然通风的作用原理；热压下自然通风的计算；避风天窗与风帽；自然通风与建筑工艺的配合。

2. 教学要求

(1) 掌握热压、风压作用下的自然通风原理、余压概念；

(2) 理解热压作用下自然通风的设计与校核计算方法、步骤；

(3) 了解避风天窗与风帽的构造与作用；

(4) 了解建筑形状、工艺布置对自然通风的影响。

(九) 湿空气焓湿图及应用

1. 课程内容

湿空气的物理性质；焓湿图的应用；湿球温度与露点温度；热湿比；两种不同状态空气的混合。

2. 教学要求

(1) 掌握湿空气焓湿图的使用方法；

(2) 掌握热湿比的概念及两种不同状态空气混合状态的确定;
(3) 理解湿球温度、露点温度的含义;
(4) 理解干湿球温度与相对湿度的关系;
(5) 了解湿空气的物理性质。

(十) 空调房间冷(热)、湿负荷

1. 课程内容

空调室内外空气计算参数的确定;太阳辐射对建筑物的热作用;空调房间冷(热)、湿负荷计算。

2. 教学要求

(1) 掌握空调室内外空气计算参数的选用方法;
(2) 掌握冷负荷系数法的计算原理、步骤与方法;
(3) 掌握热负荷与湿负荷计算方法;
(4) 了解太阳热辐射对建筑物的热作用及处理方法;
(5) 了解其他冷负荷计算方法。

(十一) 空气调节系统

1. 课程内容

送风状态与送风量;空气处理过程及处理方案;集中式空气调节系统、分散式空气调节系统、户式空调系统的基本原理及计算。

2. 教学要求

(1) 掌握空调送风状态及送风量的确定方法;
(2) 掌握各种空气处理过程及特点;
(3) 掌握常用集中式空气调节过程中直流式、一次回风式空调系统的空气调节过程;
(4) 掌握分散式空调系统的空气处理过程和特点;
(5) 了解空调系统分类及各种空调系统的组成;
(6) 了解户式空调系统的原理及组成。

(十二) 空气热、湿处理

1. 课程内容

空气加热器、表冷器、加湿器、减湿器、喷水室的基本工作原理;表冷器的选择计算、安装调节方法。

2. 教学要求

(1) 掌握表冷器的基本工作原理、选择计算、安装调节方法;
(2) 了解空气加热器、加湿器、减湿器、喷水室的基本工作原理、热湿处理方法。

(十三) 空气的净化处理

1. 课程内容

室内空气标准;空气过滤器;净化空调;室内空气品质。

2. 教学要求

(1) 掌握净化空调的组成及新风量的确定;
(2) 理解室内空气品质的概念、评价标准及常见室内有害物的测试方法、降解方法;
(3) 了解室内空气的净化标准和滤尘机理;

(4) 了解空气过滤器的性能指标及过滤器分类。

(十四) 空调室内气流组织

1. 课程内容

送回风口的气流流动规律；常用送回风口的形式；气流组织的基本方式；侧送风、散流器送风计算。

2. 教学要求

(1) 掌握室内气流组织的基本方式；

(2) 理解常用送回风口的形式；

(3) 理解侧送风、散流器送风的计算方法；

(4) 了解送、回风口气流流动规律。

(十五) 空调水系统

1. 课程内容

冷水机组；空调冷冻水系统的分类及组成；空调冷冻水系统的计算；空调冷却水系统。

2. 教学要求

(1) 掌握空调冷冻水系统管路的布置原则及有关计算；

(2) 理解空调冷却水系统的组成、设备构造及选择方法；

(3) 了解空调冷源设备(冷水机组)；

(4) 了解空调冷冻水系统的分类及组成，了解冰蓄冷系统、辐射板制冷系统的的基本方式。

(十六) 空调系统的消声与减振

1. 课程内容

噪声的物理量度；空调系统中噪声衰减；消声器；减振器。

2. 教学要求

(1) 掌握消声器消声量的确定；

(2) 了解有关噪声的物理量度及空调系统中噪声的自然衰减；

(3) 了解消声器分类及减振器分类。

四、学时分配

序号	课程内容	总学时	其中		
			讲授	实验	实训
(一)	绪论	2	2		
(二)	工业有害物的来源及危害	2	2		
(三)	通风方式	8	8		
(四)	全面通风	4	4		
(五)	局部通风	10	10		
(六)	工业有害物的净化	6	4	2	
(七)	通风管道的设计计算	16	14		2

续表

序号	课程内容	总学时	其中		
			讲授	实验	实训
(八)	自然通风	4	4		
(九)	湿空气焓湿图及应用	4	4		
(十)	空调房间冷(热)、湿负荷	8	8		
(十一)	空气调节系统	10	8		2
(十二)	空气热、湿处理	6	4		2
(十三)	空气的净化处理	4	4		
(十四)	空调室内气流组织	4	4		
(十五)	空调水系统	4	4		
(十六)	空调系统的消声与减振	4	4		
	合　计	96	88	2	6

五、实践环节教学安排

1. 现场教学

序号	实践教学内容	教学要求	学时
1	除尘系统除尘效率测定实验	掌握除尘效率测定的基本方法，熟悉除尘效率测定的基本技能	2
2	工业厂房中设备齐全、布置合理的送、排风系统、除尘统和通风机房的现场教学	通过参观，增强对送、排风系统的组成、部件设置、机房设备布置的感性认识	2
3	高层建筑中集中式空调系统、分散式空调系统、空调水系统、空调冷冻机房现场教学	通过参观，增强对空调风系统、水系统、空调系统部配件设置、机房设备布置的感性认识	2
4	空气处理设备现场教学	了解各种空气热、湿处理设备	2

2. 课程设计

序号	实践教学内容	教学要求	学时
	2000m² 以下办公楼、旅馆风机盘管加新风空调系统设计(不包括冷源)	空调房间冷(热)、湿负荷计算；空调方案确定；送风状态；空调处理设备、部配件的选型计算；室内气流组织的确定；风道设计计算；风机选择；绘制施工图。完成工程施工图 2# 图不少于三张；设计计算说明书(包括计算表)不少于 20 页	一周

六、教学大纲说明

（1）本大纲根据高等职业教育供热通风与空调工程技术专业教育标准和培养方案编写。

（2）本大纲侧重于对学生实际能力的培养，提高学生解决实际问题的能力。

附注 执笔人：杨 婉

13　制冷技术与应用

一、课程的性质和任务

　　制冷技术与应用是供热通风与空调工程技术专业的一门主要专业课。本课程的主要任务是使学生掌握空调、小型冷库用制冷技术的工作原理和基本理论、系统的组成和图式、制冷系统各种设备的种类及其构造特点、制冷机房和管道布置、制冷系统的安装和试运行；能进行设备的选择、制冷管路计算，使学生具有空调制冷机房、小型冷库工艺设计、施工和运行管理的初步能力。

二、课程的基本要求

　　(1) 掌握蒸气压缩式制冷的基本概念和基本理论、制冷理论循环的热力计算；
　　(2) 掌握常用制冷剂和载冷剂的性质，熟悉制冷剂、载冷剂选用的基本要求；
　　(3) 掌握蒸气压缩式制冷的工作原理图和空调、冷库用制冷系统图、冷却水和冷冻水系统图；
　　(4) 掌握蒸气压缩式制冷主要设备和辅助设备的作用、工作原理及选择计算；
　　(5) 掌握制冷系统的安装和试运行；
　　(6) 理解制冷机房的布置、工艺设计、吸收式制冷的基本原理和系统流程、蓄冷技术等；
　　(7) 了解蒸气压缩式制冷的自控装置与调节。

三、课程内容及教学要求

　　(一) 绪论
　　1. 课程内容
　　制冷的概念；人工制冷的方法；制冷技术的发展概况；人工制冷在国民经济中的应用；本课程研究的内容和理论基础。
　　2. 教学要求
　　(1) 掌握制冷的概念和人工制冷的方法；
　　(2) 了解人工制冷在国民经济中的应用；
　　(3) 了解制冷技术的发展概况；
　　(4) 了解制冷技术的研究内容。
　　(二) 蒸气压缩式制冷的热力学原理
　　1. 课程内容
　　蒸气压缩式制冷的基本原理；蒸气压缩式制冷的理论循环；单级蒸气压缩式制冷理论循环的热力计算；蒸气压缩式制冷的实际循环。

2. 教学要求

(1) 掌握蒸气压缩式制冷的基本原理；

(2) 掌握蒸气压缩式制冷的理论循环及其热力计算；

(3) 理解制冷系数、热力完善度的概念；

(4) 理解压焓图及单级蒸气压缩式制冷理论循环在压焓图上的表示；

(5) 了解蒸气压缩式制冷的实际循环。

(三) 制冷剂、载冷剂和润滑油

1. 课程内容

制冷剂；载冷剂；润滑油。

2. 教学要求

(1) 掌握制冷剂的种类及常用制冷剂的特点；

(2) 掌握载冷剂的种类及盐水溶液的性质；

(3) 理解对制冷剂、载冷剂的要求；

(4) 理解 CFCs 的限用和替代物的选择；

(5) 了解润滑油基本特性。

(四) 蒸气压缩式制冷系统的组成和图式

1. 课程内容

蒸气压缩式制冷系统的供液方式；蒸气压缩式氨制冷系统；蒸气压缩式氟利昂制冷系统；冷却水系统；冷冻水系统。

2. 教学要求

(1) 掌握空调用氨制冷系统流程图和冷库氨制冷系统流程图；

(2) 掌握氟利昂制冷系统流程图；

(3) 理解冷却水、冷冻水系统的特点和适用场合。

(五) 制冷压缩机

1. 课程内容

活塞式制冷压缩机的分类及其构造；活塞式制冷压缩机的选择计算；螺杆式制冷压缩机；离心式制冷压缩机；回转式制冷压缩机。

2. 教学要求

(1) 掌握活塞式制冷压缩机的类型及其选择计算；

(2) 理解容积效率的概念；

(3) 了解活塞式、螺杆式、离心式、回转式制冷压缩机的构造和工作原理。

(六) 蒸发器和冷凝器

1. 课程内容

冷凝器的种类、构造和工作原理；冷凝器的选择计算；蒸发器的种类、构造和工作原理；蒸发器的选择计算。

2. 教学要求

(1) 掌握冷凝器和蒸发器的作用、种类和工作原理；

(2) 掌握冷凝器和蒸发器的选择计算；

(3) 理解冷凝器和蒸发器设备的构造和它们的优缺点。

（七）节流机构和辅助设备

1. 课程内容

节流机构；辅助设备。

2. 教学要求

（1）掌握节流机构和辅助设备的作用、种类、工作原理；

（2）掌握辅助设备的选择计算；

（3）理解节流机构和辅助设备的构造和它们的优缺点。

（八）制冷系统的自控装置与调节

1. 课程内容

制冷系统的自控装置；制冷系统的自动调节。

2. 教学要求

（1）理解制冷系统的自控装置与自动调节；

（2）了解制冷系统的自控装置的工作原理。

（九）双级和复叠式蒸气压缩制冷

1. 课程内容

双级蒸气压缩制冷循环；复叠式蒸气压缩制冷循环。

2. 教学要求

（1）掌握双级蒸气压缩式制冷系统图；

（2）理解双级和复叠式蒸气压缩式制冷循环基本原理及其热力计算；

（3）了解中间冷却器的构造、工作原理。

*（十）小型冷藏库制冷工艺设计

1. 课程内容

冷藏库概述；冷藏库耗冷量计算；小型冷藏库制冷工艺设计。

2. 教学要求

（1）理解冷库容量的确定；

（2）理解冷藏库耗冷量的计算；

（3）理解冷库制冷工艺设计。

（十一）制冷机房与管道的设计

1. 课程内容

制冷机房的设计步骤；制冷机房的布置与制冷设备的选择；制冷剂管道的设计；制冷机组。

2. 教学要求

（1）掌握制冷机房设计步骤；制冷设备的选择；制冷剂管道的设计；

（2）理解制冷机房的布置原则；

（3）了解制冷机组的特点；

（4）能识读和绘制制冷机房工艺安装施工图。

（十二）制冷装置的安装和试运行

1. 课程内容

制冷设备的安装；制冷系统管道和附件的安装；制冷系统的试运行；制冷装置的工程

验收。

2. 教学要求

(1) 掌握制冷设备、管道和附件的安装技术；

(2) 掌握制冷系统的吹污、密封性试验和灌制冷剂；

(3) 掌握制冷系统的试运行。

(十三) 制冷装置运行操作与维修

1. 课程内容

制冷装置的操作技术；制冷装置的运行管理；制冷装置的检修。

2. 教学要求

(1) 掌握制冷装置的运行操作；

(2) 理解制冷装置的检修。

(十四) 溴化锂吸收式制冷

1. 课程内容

吸收式制冷机的工作原理；溴化锂吸收式制冷的工作原理；单效溴化锂吸收式制冷机的工艺流程；双效溴化锂吸收式制冷机的工艺流程；直燃式溴化锂吸收式制冷机。

2. 教学要求

(1) 掌握溴化锂吸收制冷的工作原理；

(2) 理解单效、双效及直燃式溴化锂吸收式制冷机的结构和流程。

(十五) 蓄冷技术

1. 课程内容

蓄冷技术概述；蓄冷空调系统。

2. 教学要求

(1) 掌握蓄冷的基本原理和特点；

(2) 理解冰蓄冷空调系统和水蓄冷空调系统的工作原理和系统组成。

四、学时分配

序　号	课　程　内　容	总　学　时	其　中	
			讲　授	现场实训
(一)	绪论	2	2	
(二)	蒸气压缩式制冷的热力学原理	8	8	
(三)	制冷剂、载冷剂和润滑油	4	4	
(四)	蒸气压缩式制冷系统的组成和图式	4	2	2
(五)	制冷压缩机	6	6	
(六)	冷凝器和蒸发器	4	4	
(七)	节流机构和辅助设备	6	4	2
(八)	制冷系统的自控装置与调节	2	2	
(九)	双级和复叠式蒸气压缩制冷	4	4	
(十)	*小型冷藏库制冷工艺设计			

续表

序　号	课　程　内　容	总学时	其　中	
			讲　授	现场实训
（十一）	制冷机房与管道的设计	4	4	
（十二）	制冷装置的安装和试运行	8	6	2
（十三）	制冷装置运行操作与维修	4	4	
（十四）	溴化锂吸收式制冷	4	4	
（十五）	蓄冷技术	4	4	
	合　计	64	58	6

注：*表示选修内容。

五、实践教学环节安排

1. 现场教学

序　号	实践教学内容	教　学　要　求	学　时
1	蒸气压缩式制冷系统现场教学	熟悉空调、冷库制冷系统的流程，画出所参观制冷系统的流程图，写出系统设备的组成，熟悉制冷机房的布置原则	2
2	制冷压缩机、冷凝器、蒸发器、节流机构、辅助设备等现场教学	熟悉制冷系统各设备的结构、工作原理及安装要求	2
3	制冷装置运行操作与维修	熟悉制冷系统的运行操作技术	2

2. 课程设计

课程设计的题目为《空调用制冷机房的工艺设计》。

设计内容：(1)制冷机房设备平面布置图一张；(2)制冷机房管道平面布置图一张；(3)制冷机房工艺流程图或系统图一张；(4)设计计算说明书一份(包括计算表不少于8页)。

六、教学大纲说明

(1) 本大纲根据高等职业教育供热通风与空调工程技术专业教育标准和培养方案编写；

(2) 本大纲侧重于对学生实际能力的培养，提高学生解决实际问题的能力；

(3) 根据地区特点小型冷藏库制冷工艺设计为选修内容，选修课时为8学时。

附注　执笔人：贺俊杰

14 安装工程预算与施工组织管理

一、课程的性质与任务

安装工程预算与施工组织管理课程是供热通风与空调工程技术专业的一门主要专业课，是建筑安装工程实行造价管理、施工组织管理的必需课程，本课程分为预算和施工组织管理两部分。本课程的任务是使学生了解固定资产投资、工程建设程序、建筑产品计价方式等基本知识；领会安装工程定额与预算、工程招投标与施工合同、施工组织设计和安装工程项目管理、企业管理知识；能编制安装工程预(结)算和单位工程施工组织设计(施工方案)。

二、课程的基本要求

(1) 掌握固定资产与固定资产投资的基本概念，工程建设项目的划分方法；
(2) 掌握建设工程定额的概念、种类与作用，掌握本专业及相关专业定额的应用方法；
(3) 掌握建筑安装工程造价费用组成及计费方法；
(4) 掌握施工图预算的编制程序和方法，能够编制本专业所涉及内容的施工图预算；
(5) 掌握施工预算的编制程序和方法，能够编制本专业所涉及内容的施工预算；
(6) 掌握施工组织设计的基本内容，能够编制单位工程施工组织设计或施工方案；
(7) 理解工程量清单计价规范、计价方法及报价技巧；
(8) 理解流水施工基本原理，横道图和网络图计划基本知识；
(9) 理解工程招投标的基本概念及程序；
(10) 理解施工合同的概念与内容；
(11) 理解质量管理的评价标准和评定方法；
(12) 理解施工内业的编制方法；
(13) 了解工程建设的一般程序；
(14) 了解建筑业、建筑产品的一般特点；
(15) 了解施工项目管理的工作内容与组织机构。

三、课程内容及教学要求

(一) 绪论

1. 课程内容

本课程研究的主要内容；本课程的重要性及与其他专业课的密切联系；本课程的学习方法和要求。

2. 教学要求

了解本课程研究的主要内容及学习方法。

(二) 固定资产投资与工程建设概述

1. 课程内容

固定资产、固定资产投资的基本概念；工程建设程序的基本知识；建设工程组成项目的划分方法；建筑业的组成、建筑产品的计价特点。

2. 教学要求

（1）掌握固定资产、固定资产投资的基本概念；

（2）掌握建设工程组成项目的划分方法；

（3）理解工程建设程序的基本知识；

（4）了解建筑业、建筑产品的一般特点。

（三）建设工程定额

1. 课程内容

工程定额基本概念、性质、分类和作用；施工定额、预算定额的内容和使用方法。

2. 教学要求

（1）掌握工程定额基本概念、性质、分类和作用；

（2）掌握施工定额、预算定额的内容和使用方法。

（四）建设工程预算分类与费用

1. 课程内容

建设工程预算制度及投资估算、设计概算、施工图预算、施工预算、工程结算和竣工决算的概念；建设工程总费用的概念及其构成；建筑安装工程费用项目组成、计费程序及方法。

2. 教学要求

（1）理解工程预算制度及投资估算、设计概算、施工图预算、施工预算、工程结算和竣工决算的概念；

（2）了解建设工程总费用的概念及其构成；

（3）掌握建筑安装工程费用项目组成、计费程序及方法。

（五）施工图预算的编制

1. 课程内容

施工图预算的编制程序、内容；暖卫工程工程量计算规则和施工图预算的编制方法。

2. 教学要求

（1）掌握施工图预算的编制程序及内容；

（2）掌握工程量计算规则和施工图预算的编制方法，能编制施工图预算。

（六）建筑水、暖工程施工图预算编制实例。

1. 课程内容

室内给、排水工程施工图预算编制实例；室内采暖工程施工图预算编制实例。

2. 教学要求

掌握室内给排水、采暖工程施工图预算编制的方法及步骤，能够独立完成相关课程设计内容。

（七）水、暖工程施工预算的编制

1. 课程内容

施工预算的内容、作用、编制依据；施工预算与施工图预算的区别；施工预算的编制程序和方法；编制施工预算，进行"两算"对比。

2. 教学要求

(1) 理解施工预算的内容、作用、编制依据;

(2) 理解施工预算与施工图预算的区别;

(3) 掌握施工预算的编制程序和方法,能编制施工预算和进行"两算"对比。

(八) 工程量清单计价概述与应用

1. 课程内容

工程量清单计价概述;暖卫工程清单报价工程量计算规则;水、暖工程清单报价预算编制实例

2. 教学要求

(1) 理解工程量清单计价的基本结构形式、内容组成;

(2) 掌握清单计价工程量计算规则;

(3) 掌握水、暖工程清单报价编制方法和步骤,能进行招投标工程投标报价预算。

(九) 单位工程施工组织设计

1. 课程内容

组织施工的方法及特点;横道图计划与网络图计划的编制方法;流水施工的原理;单位工程施工组织设计的编制。

2. 教学要求

(1) 掌握组织施工的方法及特点;

(2) 掌握横道图计划的编制方法;

(3) 掌握流水施工的原理;

(4) 掌握单位工程施工组织设计的编制方法和步骤;

(5) 理解网络图计划的编制方法。

(十) 安装工程项目管理

1. 课程内容

工程项目管理概述;工程招投标的基本概念及程序;施工合同管理与施工索赔;工程项目质量管理;单位工程施工内业编制及档案管理。

2. 教学要求

(1) 了解施工项目管理的工作内容与组织机构;

(2) 了解工程招投标的基本概念及程序;

(3) 了解施工合同的概念与内容,会签订施工合同;

(4) 了解质量管理的评定标准和评定方法;

(5) 了解施工内业档案的内容及编制方法。

四、学时分配

序　号	教　学　内　容	总学时	其　中		
			讲　授	实　验	实　训
(一)	绪论	2	2		
(二)	固定资产投资与工程建设概述	4	4		

续表

序号	教学内容	总学时	其中		
			讲授	实验	实训
(三)	建设工程定额	6	6		
(四)	建设工程预算分类与费用	4	4		
(五)	施工图预算的编制	6	6		
(六)	建筑安装工程施工图预算编制实例	32	18		14
(七)	水、暖工程施工预算的编制	6	4		2
(八)	工程量清单计价概述与应用	8	6		2
(九)	单位工程施工组织设计	10	8		2
(十)	工程项目管理	12	12		
	合　计	90	70		20

五、实践性教学环节安排

(一)课程设计

题目

1. 室内暖卫工程施工图预算编制。

2. 室内暖卫工程施工预算编制。

内容及要求

1. 室内暖卫工程施工图预算编制

(1)内容：划分和排列分项工程项目，统计计算工程量，套定额确定定额直接费，填制定额取费表、确定工程造价。

(2)工作量：完成工程预算书一份(包括封皮、取费表、工程量计算表、定额预算表)。

2. 室内暖卫工程施工预算编制

(1)内容：划分和排列分项工程项目，统计计算工程量，辅助材料分析，填制工料分析表、填制"两算"对比表。

(2)工作量：完成工程预算书一份(包括封皮、工程量计算表、工料分析表、"两算"对比表)。

(二)综合练习

题目

1. 区域供热管网工程施工组织设计编制。

2. 室内给排水工程施工方案的编制。

六、教学大纲说明

(1)本大纲根据高等职业教育供热通风与空调工程技术专业教育标准和培养方案编写；

(2)本大纲侧重于对学生实际能力的培养，提高学生解决实际问题的能力。

附注　执笔人：王　丽　邢玉林

15 供热系统调试与运行

一、课程的性质与任务

供热系统调试与运行课程是供热通风与空调工程技术专业的一门专业课。本课程的任务是通过课堂及现场教学,使学生掌握供热系统初调节、运行调节及运行维护管理的基本知识;具备分析和处理一般供热系统故障能力和使供热系统安全、可靠、经济、有效运行的管理能力。

二、课程的基本要求

(1) 掌握供热系统一些简单的初调节方法;
(2) 掌握供热系统运行调节的基本原理和方法;
(3) 掌握热力站、外网、室内供热系统的运行管理内容及常见运行故障的分析排除方法;
(4) 理解各种调节、控制阀门的构造、性能、应用场合、选型方法;
(5) 理解热计量热水供热系统的运行特点和调节控制方案;
(6) 了解初调节的一些较复杂的方法;
(7) 了解热水供热系统的最佳调节工况及综合调节;
(8) 了解循环水泵的变流量调节方法和变频水泵技术;
(9) 了解气候补偿器的工作原理与应用。

三、课程内容及教学要求

(一) 绪论

1. 课程内容

供热系统调节与运行管理的意义;本课程主要内容;供热系统调节控制与运行管理技术的发展及今后的任务。

2. 教学要求

(1) 理解供热系统调节与运行管理的意义;
(2) 了解本课程的内容;
(3) 了解供热系统调节、控制及运行管理技术的发展和今后的任务。

(二) 调节控制装置

1. 课程内容

阀门的调节特性;散热器温控阀;平衡阀;自力式控制阀;气候补偿器。

2. 教学要求

(1) 理解各种调节、控制阀门的构造、工作原理、性能、应用场合、选型方法;

(2) 了解气候补偿器的工作原理、功能、应用范围和意义；
(3) 了解普通阀门及调节阀门的理论流量和工作流量特性。
（三）供热系统的初调节
1. 课程内容
初调节的概念与必要性；初调节的方法。
2. 教学要求
(1) 掌握简易快速法、计算机法、模拟分析法的初调节方法；
(2) 理解初调节的概念与必要性；
(3) 了解初调节的其他调节方法。
（四）供热系统的运行调节
1. 课程内容
运行调节的概念与必要性；热水供热系统的运行调节；蒸气供热系统的运行调节。
2. 教学要求
(1) 掌握热水供热系统集中运行调节的基本公式；
(2) 掌握质调节、量调节、分阶段改变流量质调节、分阶段改变供水温度的量调节、间歇调节的基本方法；
(3) 理解蒸汽供热系统的质调节、量调节方法；
(4) 了解单管、双管热水供暖系统的最佳调节方式；
(5) 了解供热综合调节。
（五）热计量热水供热系统的控制与调节
1. 课程内容
热计量热水供热系统的运行特点及热力工况分析；热计量热水供热系统的控制方案；循环水泵的变流量调节。
2. 教学要求
(1) 理解热计量供热系统的运行特点；散热器热力工况分析；室内供热系统的调节特性；
(2) 理解定流量直连与间连系统的控制方案；
(3) 理解变流量直连与间连系统的控制方案；
(4) 了解循环水泵变流量调节方法及变频水泵技术。
（六）供热系统的运行维护管理
1. 课程内容
供热外网的运行维护管理；热力站运行维护管理；室内热水供热系统的运行维护管理。
2. 教学要求
(1) 掌握热水、蒸汽供热管网运行维护管理的基本内容与方法；
(2) 掌握热力站启动、运行调节、停运、设备维护的基本内容和方法；
(3) 掌握室内热水供暖系统运行维护管理的基本内容与方法；
(4) 掌握供热管网、热力站、室内热水供暖系统常见事故或故障的分析排除方法；
(5) 理解供热系统运行维护管理的目的。

四、学时分配

序 号	课 程 内 容	总学时	其中		
			讲 授	实 验	实 训
(一)	绪论	2	2		
(二)	调节与控制装置	6	4		2
(三)	供热系统的初调节	6	4	2	
(四)	供热系统的运行调节	8	4		4
(五)	热计量热水供热系统的控制与调节	6	6		
(六)	供热系统的运行维护管理	8	6		2
	合　　计	36	26	2	8

五、实践性教学环节安排

序 号	实践教学内容	教学要求	学 时
1	调节与控制装置实物现场参观	理解散热器温控阀、自力式控制阀、平衡阀构造、调节方法	2
2	供热系统初调节现场实验教学	参观实验室热水管网水力工况实验系统、并做初调节实验	2
3	供热系统运行调节现场教学	结合本地区实际绘制质调节及分阶段改变流量质调节的水温调节曲线	2
4	供热系统运行维护管理现场教学	去锅炉房参观学习管理制度、运行记录及实际运行操作	2

六、教学大纲说明

(1) 本大纲根据高等职业教育供热通风与空调工程技术专业教育标准和培养方案编写。

(2) 本大纲侧重于对学生实际能力的培养，提高学生解决实际问题的能力。

附注　执笔人：马志彪

16　空调系统调试与运行

一、课程的性质与任务

空调系统调试与运行是供热通风与空调工程技术专业的专业课之一。通过课堂教学、参观和实验，使学生掌握空气调节系统的测定、调整和运行管理的知识，掌握各种测量仪表及设备的构造原理和使用方法，具备一般空气调节系统安装调试及运行管理的能力。

二、课程的基本要求

(1) 理解空调系统调试与试运行的任务；
(2) 理解空调系统运行管理的作用与必要性；
(3) 理解空调系统测试常用仪表及使用方法；
(4) 理解空调系统调试与试运行的准备工作内容与要求；
(5) 理解空调系统调试验收的相关规范；
(6) 掌握空调系统调试试运行方案的编制方法；
(7) 掌握空调系统电气与自动控制系统的调试方法；
(8) 掌握空调制冷系统调试与试运行的方法；
(9) 掌握空调设备与空调系统调试与试运行的方法；
(10) 理解空调系统运行与管理的知识；
(11) 了解空调系统保养维修的基本知识；
(12) 了解空调系统常见故障分析和排除故障的方法。

三、课程内容与教学要求

(一) 绪论
1. 课程内容
空调系统的应用与发展；空调系统调试的任务；空调系统运行管理的作用与必要性。
2. 教学要求
(1) 理解空调系统调试与试运行的任务；
(2) 理解空调系统运行管理的作用与必要性。
(二) 空调测试方法
1. 课程内容
测量仪表的基本特性；温度测量；湿度测量；压力与压差测量；流速测量；噪声测量；空气含尘浓度测量与过滤器检漏；制冷剂检漏。
2. 教学要求
(1) 理解空调系统测量常用仪表与设备的种类、型号和基本特性；

(2)掌握温度、湿度、压力与压差、流速和噪声的测量方法；

(3)掌握空气含尘浓度和过滤器检漏的测量方法；

(4)掌握制冷剂检漏的方法。

(三)空调系统调试的准备工作

1. 课程内容

系统调试作业准备工作；空调系统调试验收执行规范；空调系统调试试运行方案的编制。

2. 教学要求

(1)理解空调系统调试作业准备工作的内容与重要性；

(2)理解对空调系统调试分项工程的验收规范及质量控制；

(3)理解空调系统调试与试运行程序；

(4)掌握编制空调系统调试试运行方案的方法。

(四)空调系统电气与自动控制系统调试

1. 课程内容

电气设备与主回路检查测试；自动控制与检测系统检查测试；自动控制与检测系统联动运行。

2. 教学要求

(1)理解电气设备与主回路检查测试的内容、要求与重要性；

(2)理解露点控制系统的工作原理、检测内容与要求；

(3)理解加热器与加湿器控制系统的工作原理、检测内容与要求；

(4)理解室温与相对湿度控制系统的工作原理、检测内容与要求；

(5)理解压差与压力控制系统的工作原理、检测内容与要求；

(6)理解检测、信号、连锁保护系统工作原理、作用、检测内容与要求；

(7)掌握空调系统电气与自动控制系统模拟调试的内容与要求；

(8)掌握空调系统电气与自动控制系统联动运行内容与要求。

(五)空调制冷系统调试与试运行

1. 课程内容

活塞式制冷压缩机调试与试运行；离心式制冷压缩机调试与试运行；螺杆式制冷压缩机调试与试运行；溴化锂吸收式制冷压缩机调试与试运行。

2. 教学要求

(1)理解常用制冷压缩机系统调试与试运行的程序；

(2)掌握调试与试运行的操作方法；

(3)理解调试与试运行的检测内容，掌握调试与检测方法。

(六)空调系统调试与试运行

1. 课程内容

空调设备单机运行与调试；空调器性能测试与调整；空调系统无负荷试运行与调试；室内气流组织的测试与调整；空调系统综合效果测定与竣工验收。

2. 教学要求

(1)掌握典型空调设备单机运行与调试的操作方法；

(2) 掌握空调风系统风量测试与调整方法；

(3) 掌握空调系统无负荷试运行与调试的操作方法；

(4) 掌握室内气流组织的测试与调整的操作方法；

(5) 了解空调系统综合效果测定的内容与一般规定；

(6) 掌握空调系统调试与试运行检验记录和资料汇编的知识；

(7) 了解空调系统竣工验收的内容与程序。

（七）空调系统运行与维护

1. 课程内容

空调系统运行与管理；空调系统日常保养与维修。

2. 教学要求

(1) 理解空调系统对维护管理的要求；

(2) 理解空调系统运行管理制度；

(3) 理解空调系统运行管理的日常工作；

(4) 了解空调系统常见故障及排除方法。

四、学时分配

序号	课程内容	总学时	其中			
			讲授	实验	参观	实训
（一）	绪论	1	1			
（二）	空调测试方法	7	3	4		
（三）	空调系统调试的准备工作	6	4		2	
（四）	空调系统电气与自动控制系统调试	4	4			
（五）	空调制冷系统调试与试运行	6	4			2
（六）	空调系统调试	6	4			2
（七）	空调系统运行与维护	6	6			
	合计	36	26	4	2	4

五、实践教学环节

(1) 现场教学与多媒体教学。建议组织施工现场观摩教学，增加学生的感性认识。观摩教学也可用包含大量空调系统现场安装、调试与试运行录像和图片的多媒体教学代替。

(2) 建议安排"噪声测量"，"空气含尘浓度测量与过滤器检漏"，"制冷剂检漏"等实验。实验不应与"通风与空调工程"、"制冷技术与应用"等课程的实验重复。

(3) 建议安排有关"空调制冷系统调试与试运行"和"空调系统调试"方面的操作实训。

(4) 建议安排编制"空调制冷系统调试与试运行"或"空调系统调试与试运行"方案的课程设计。

六、教学大纲说明

（1）本大纲根据高等职业教育供热通风与空调工程技术专业教育标准和培养方案编写。

（2）本大纲侧重于对学生实际能力的培养，提高学生解决实际问题的能力。

附注　执笔人：刘成毅

17 热工测量与自动控制

一、课程的性质与任务

热工测量与自动控制是供热通风与空调工程技术专业的一门专业基础课。其任务是使学生领会常用热工测控仪表的工作原理和构造，具有选择常用一次仪表的能力；掌握热工测量与自动控制系统的组成原理、测量方法、特性分析、热工过程自动控制系统的分析整定方法和应用。

二、课程的基本要求

（1）掌握温度、湿度、压力、流量、流速、液位测控仪表的工作原理、使用条件，并能正确选用安装；
（2）理解温度、湿度、压力、流量、流速、液位测控仪表的性能构造；
（3）了解热工测控仪表的基本知识；
（4）了解自动控制在供热通风与空调工程中应用的有关知识。

三、课程内容及教学要求

（一）测量与测量仪表的基本知识
1. 课程内容
测量的意义及方法；测量系统；测量误差与测量精度；测量仪表的基本技术指标。
2. 教学要求
(1) 掌握测量系统的一般组成，测量系统中各部分的作用；
(2) 理解量程、仪表精度概念，理解变差、灵敏度的意义；
(3) 了解测量的意义，熟悉常用测量方法及特点；
(4) 了解测量系统的概念，测量误差的三种类型及测量精度关系。
（二）温度测量
1. 课程内容
测温仪表的分类；双金属片温度计；玻璃液柱温度计；压力式温度计；热电偶温度计；热电阻温度计；温度计的选择及安装。
2. 教学要求
(1) 掌握热电偶温度计测量温度的基本原理，热电偶的基本定律、种类及结构形式；
(2) 掌握热电阻温度计；
(3) 理解玻璃液体温度计、压力式温度计的测温原理、结构及特点；
(4) 了解双金属片温度计。
（三）湿度测量

1. 课程内容

干湿球湿度计；氯化锂电阻式湿度计；氯化锂露点式湿度计；其他湿度计。

2. 教学要求

(1) 掌握干湿球湿度计测湿原理，干湿球电信号传感器的作用和基本原理；

(2) 掌握氯化锂电阻湿度传感器的工作原理及使用特点；

(3) 理解氯化锂露点湿度计测量相对湿度的原理；

(4) 了解毛发湿度计测量相对湿度的原理。

(四) 压力测量

1. 课程内容

液柱式压力表；弹性式压力表；电气式压力计及变送器；常用压力表的校验、选择及安装。

2. 教学要求

(1) 掌握弹性压力表的测压原理和结构；

(2) 掌握电气式压力计及变送器；

(3) 理解常用压力表的校验选择与安装方法；

(4) 了解液柱式压力表。

(五) 流速测量

1. 课程内容

毕托管；机械式风速仪；热电风速仪；热线风速仪。

2. 教学要求

(1) 掌握毕托管的测速原理、类型、使用条件及安装方法；

(2) 理解热线风速仪的测量原理；

(3) 了解机械式风速仪、热电风速仪。

(六) 流量测量

1. 课程内容

孔板式流量计；电磁流量计；涡轮流量计；超声波流量计；转子流量计。

2. 教学要求

(1) 掌握孔板流量计、涡轮流量计的基本原理和结构，标准节流装置的使用条件及管道条件；

(2) 理解电磁流量计、超声波流量计测量的基本原理；

(3) 了解转子流量计基本原理及结构。

(七) 液位测量

1. 课程内容

静压式液位计；电接触式液位计；浮力式液位计；超声波液位计。

2. 教学要求

(1) 掌握静压式液位计、浮力式液位计的基本原理和结构组成、使用条件；

(2) 理解超声波液位计的工作原理；

(3) 了解电接触式液位计的工作原理。

(八) 热量测量

1. 课程内容

热电阻式热流计；热水热量指示积算仪；饱和蒸汽热量指示积算仪。

2. 教学要求

(1) 掌握热流及热流量的基本概念，热电阻式热流计的工作原理；

(2) 理解饱和蒸汽热量指示积算仪工作原理；

(3) 了解热水热量指示积算仪工作原理。

(九) 微机在热工测量中的应用

1. 课程内容

微计算机化测量系统的组成；微机在热工测量中的应用。

2. 教学要求

(1) 了解微处理器与微计算机的组成、智能仪表功能；

(2) 了解微机测量系统中传感器检测信号的传输及接口技术。

(十) 自动控制系统的基本概念

1. 课程内容

自动控制系统的组成；自动控制系统的分类；自动控制系统的过渡过程及品质指标；环节的特性参数与传递函数；被控对象的数学分析；空调房间温度对象的特性。

2. 教学要求

(1) 掌握自动控制系统的控制原理、自动控制系统的分类；

(2) 理解过渡过程及品质指标；

(3) 了解环节特性参数与传递函数；被控对象的数学分析；空调房间温度对象的特性。

(十一) 基本控制规律与自动控制仪表

1. 课程内容

自动控制仪表的分类；基本控制规律与控制器；执行器；调节阀的选择与计算；风量调节阀的流量特性。

2. 教学要求

(1) 掌握基本控制规律、自动控制仪表的分类、电子式控制器、调节阀的流量特性及选择；

(2) 理解电气式控制器的控制原理；

(3) 了解电磁阀、电动调节阀的结构及工作原理。

(十二) 自动控制系统的应用

1. 课程内容

空调单回路控制系统；空调多回路控制系统；空调计算机控制系统；换热设备自动控制；制冷自动控制；集中供热自动化系统；风机盘管空调系统的自动控制。

2. 教学要求

(1) 掌握单回路控制系统、多回路控制系统的基本控制原理，计算机控制的一般概念，热力膨胀阀控制蒸发器的原理；

(2) 理解恒温、恒湿空调自动控制系统，按新、回风焓值比较控制系统，新风温度补偿自动控制系统，空调串级控制系统，集中空调 DDC 控制系统，压缩机的能量调节；

(3) 了解计算机控制的一般概念，空气静压自动控制系统，空气混合温度自动控制系统，空调分程控制系统。

四、学时分配

序 号	课程内容	总学时	其 中		
			讲 授	实 验	实 训
（一）	测量与测量仪表的基本知识	6	6		
（二）	温度测量	6	4	2	
（三）	湿度测量	4	4		
（四）	压力测量	4	4		
（五）	流速测量	2	2		
（六）	流量测量	4	4		
（七）	液位测量	2	2		
（八）	热量测量	2	2		
（九）	微机在热工测量中的应用	2	2		
（十）	自动控制原理	6	6		
（十一）	自动控制仪表	8	6	2	
（十二）	自动控制系统的应用	8	6		2
	合 计	54	48	4	2

五、实践教学环节安排

序 号	实验教学内容	教 学 要 求	学 时
1	温度测量	掌握热电偶测温方法，系统组成，仪表连接	1
2	流速测量	掌握毕托管安装、微压计使用、测速系统组成，仪表连接	1
3	PID控制器整定	学会PID控制器比例带、积分时间、微分时间的整定	2
4	参 观	典型工业锅炉房热工测控系统；典型空调热工测控系统	2

六、教学大纲说明

（1）本大纲根据高等职业教育供热通风与空调工程技术专业教育标准和培养方案编写；

（2）本大纲侧重于对学生实际能力的培养，提高学生解决实际问题的能力。

附注　执笔人：程广振　王青山

18 暖通施工技术

一、课程的性质与任务

暖通施工技术是供热通风与空调工程技术专业的主要专业课之一。其任务是使学生掌握本专业所涉及的各种室内外管道系统安装工程的施工技术知识及了解常用的管材、管件、机具。能根据工程性质、施工图纸要求和现场实际情况选择相应的施工方法、施工机具，确定施工技术措施和安全措施，以确保工程质量和施工安全。

二、课程的基本要求

（1）掌握管道加工连接的施工方法、技术要求和质量验收标准，并能确定施工材料消耗量；

（2）掌握室内管道系统及其主要设备、附件的安装程序、方法、技术要求、系统试压、冲洗和质量验收标准，能测绘加工安装草图；

（3）掌握室外地沟、直埋、架空管道现场敷设的安装程序、方法、技术要求和质量验收标准，领会室外管道的试压、清洗与调试的程序、方法和验收标准；

（4）掌握锅炉及其附属设备的安装程序、方法、技术要求和质量验收标准；

（5）掌握通风管道及部件的尺寸确定、放样划线和通风空调设备的安装方法、技术要求和质量标准，能测绘通风管道的加工安装草图；

（6）掌握管道、设备及其附件的防腐与绝热的施工程序、方法、技术要求和质量标准；

（7）了解常用施工机具的型号、性能，能正确选择施工机具，了解其操作规程和使用方法，具有起重吊装的基本知识；

（8）具有施工安全和防火技术的必要知识，能提出安全与防火技术措施。

三、课程内容与教学要求

（一）绪论

1. 课程内容

施工技术课的性质与内容；施工技术的发展概况和发展方向；课程的学习方法与要求。

2. 教学要求

（1）掌握施工技术课的性质、内容和要求，明确学习本专业施工技术的意义；

（2）了解本专业施工技术在我国的发展概况和发展方向。

（二）常用金属管材及其加工连接

1. 课程内容

管子与管路附件的通用标准；钢管及管件；铸铁管及管件；塑料管及管件；复合管及管件；常用型材及其他材料。

2. 教学要求

(1) 掌握常用加工机具的型号、性能及使用方法，合理选择常用加工机具；

(2) 掌握管子的切断、套丝、弯曲和钢制管件加工的方法与技术要求，能确定加工过程中消耗材料的品种和数量；

(3) 掌握管螺纹连接的要求和适用条件，能确定螺纹接头配件的名称、规格、消耗材料及装配工具；

(4) 掌握管道焊接的要求，熟悉焊缝形式、焊接机具和焊接材料的型号、规格及不同等级管道焊缝检验的要求；

(5) 掌握常用管道法兰的装配方法和技术要求；

(6) 掌握不同材料管道承插连接各种接口的特点、要求及适用条件，能根据实际情况确定接口形式、操作工具和施工用料；

(7) 了解无承口连接，塑料镜式熔焊和复合管连接的方法和技术要求及常用机具。

(三) 阀门、水泵、风机、箱罐类及管道支、吊架安装

1. 课程内容

常用阀门及其安装；水泵安装；风机安装；箱罐类安装；管道支、吊架安装。

2. 教学要求

(1) 掌握常用管道阀门的检查项目和安装要求；

(2) 常握离心水泵、水箱、罐类的安装程序、技术要求和质量验收标准，能进行水泵的试运行和故障的排除工作；

(3) 掌握管道一般支架的制造方法及其安装位置、尺寸、数量的确定和施工要求；

(4) 了解专用阀门(如减压阀、安全阀、疏水阀等)、阀门组安装的技术要求，安装尺寸及其调试定压方法。

(四) 室内给排水系统及安装

1. 课程内容

室内给水系统的安装；消防系统及设备的安装；室内排水系统的安装；卫生器具的安装；系统试验与验收。

2. 教学要求

(1) 掌握室内给水、排水、消防管道的安装程序、方法、技术要求和质量验收标准，能测绘排水管道加工安装草图；

(2) 掌握卫生器具的安装程序、方法、技术要求和质量检验评定标准；

(3) 掌握室内给排水系统的试压、清洗、消毒及排水系统的满水、通水试验的程序、方法、要求和验收标准；

(4) 了解高层建筑室内给排水管道的安装特点。

(五) 室内采暖系统的安装

1. 课程内容

室内采暖管道的安装；散热器安装；低温地板辐射采暖系统安装；系统试验与验收。

2. 教学要求

（1）掌握室内采暖管道的安装程序、方法、技术要求和质量验收标准，能绘制管道的加工安装草图和确定安装配件的材料消耗；

（2）掌握散热器组对安装及试压程序、方法、技术要求和质量验收标准，能提出组对散热器的消耗材料；

（3）掌握地板采暖的安装程序、方法和技术要求；

（4）掌握室内采暖系统的试压、清洗的程序、方法、技术要求和质量验收标准。

（六）室外管道安装

1. 课程内容

室外供热管道安装；补偿器的安装；室外给排水管道安装；室外管道的试压、清洗和验收。

2. 教学要求

（1）掌握室外地沟、直埋、架空管道的施工程序、方法和技术要求，能确定沟槽断面、定位放线和计算土方量；

（2）掌握室外管道的常用吊装方法；

（3）掌握室外供热管道的施工程序、方法、技术要求和质量验收标准；

（4）掌握常用补偿器的施工安装方法、技术要求和预拉伸量的计算；

（5）掌握室外给排水管道的施工特点及施工方法；

（6）了解室外管道的试压、清洗方法和验收标准。

（七）起重吊装搬运基本知识

1. 课程内容

起重吊装搬运基本知识；常用索具及附件；滑轮与滑轮组；千斤顶与倒链；绞磨与卷扬机；地锚与缆风绳；设备的装卸与搬运；起重桅杆。

2. 教学要求

（1）掌握管道安装工程常用起重吊装机具的型号、性能和规模，能选择确定设备水平运输和垂直吊装的常用机具；

（2）了解起重吊装的安全使用知识。

（八）锅炉及附属设备的安装

1. 课程内容

施工安装前的准备工作；设备基础的定位放线；锅炉钢架与平台的安装；锅筒和集箱的安装；受热面管束的安装；辅助受热面与仪表安装；链条炉排的安装；炉墙与炉膛砌筑；锅炉本体水压试验；烘炉、煮炉、试运行；燃油、燃气锅炉安装。

2. 教学要求

（1）掌握散装锅炉的安装程序、方法和技术要求，了解锅炉安装施工现场的组织与管理工作；

（2）了解锅炉、水泵、水箱等设备基础的放线定位和施工检验程序、方法和技术要求；

（3）掌握锅炉钢架与平台、锅筒与集箱、受热面管束、辅助受热面与本体附件、链条炉排的安装程序、方法及技术要求，会选择锅炉施工安装机具，确定施工用料；

（4）掌握锅炉本体水压试验的程序、方法和验收标准；

(5) 掌握锅炉炉墙与炉膛的砌筑方法、技术要求和施工用料，能进行烘炉、煮炉及试运行工作；

(6) 掌握燃油、燃气锅炉的安装程序、技术要求和质量验收标准。

（九）通风与空调系统的安装

1．课程内容

通风工程常用材料与机具；通风管道与管件加工的基本操作技术；通风管道加工安装草图的绘制；通风管道的连接与安装；风管配件的安装与加固；通风设备的安装；空调设备的安装；通风与空调工程的施工验收。

2．教学要求

(1) 掌握通风管道与部件加工安装的程序、方法、技术要求与质量标准，能选择通风系统加工安装所用机具；

(2) 掌握直管与管件的尺寸确定、展开划线的方法，能测绘加工安装草图和编制材料表；

(3) 掌握通风与空调系统主要设备的安装方法与技术要求，能确定设备基础尺寸和绘制安装大样图；

(4) 掌握通风与空调系统的验收程序、方法和要求，能进行通风系统的试运行。

（十）防腐与绝热施工

1．课程内容

管道的除锈与防腐；绝热施工。

2．教学要求

(1) 掌握管道、设备及附件的防腐与绝热的施工方法、技术要求和质量验收标准；

(2) 能选择施工所用机具和提出材料用量。

（十一）施工安全与防火技术

1．课程内容

安全施工的意义；焊接工程安全防火技术；管道工程安全技术；锅炉安装工程安全技术；通风工程安全技术；冬雨期施工安全技术；施工现场的防火措施。

2．教学要求

(1) 了解安全技术管理在工程施工中的重要意义，建立安全施工的观念；

(2) 领会本专业施工过程中的有关安全防火技术知识，确保施工安全。

四、现场教学与综合练习

本课程为供热通风与空调工程技术专业实践性很强的一门专业课，有些内容应尽量安排现场教学。本大纲的课时分配为课堂教学时数，凡已在现场讲授的内容可在课堂进行总结性讲课。

1．本大纲安排的两个综合练习

(1) 室内排水管道加工安装测绘草图练习；

(2) 通风管道加工安装测绘草图练习。

2．教学要求

掌握室内排水管道和通风管道加工安装草图的测绘方法，能够确定直管段和管件的加工安装尺寸，并以表格形式列出直管段、管件、连接件的数量和规格。

五、学时分配

序　号	教　学　内　容	授课时数 理论	授课时数 实践	综合练习	合计时数
（一）	绪论	2			2
（二）	常用金属管材及其加工连接	6			6
（三）	阀门、水泵、风机、箱、罐类安装及管道支、吊架	6			6
（四）	室内给水排水系统的安装	10	4	4	18
（五）	室内采暖系统的安装	6	2		8
（六）	室外管道的安装	4			4
（七）	起重吊装搬运基本知识	8			8
（八）	锅炉及附属设备的安装	12	2		14
（九）	通风与空调系统的安装	8	6	4	18
（十）	防腐与绝热施工	2			2
（十一）	施工安全与防火技术	2			2
	机动	2			2
	合　计	68	14	8	90

六、大纲说明

（1）本大纲设两个综合练习，"室内排水管道加工安装草图"4 学时，"通风管道加工安装测绘草图"4 学时，总计 8 学时；

（2）本大纲适用于高职三年制；

（3）实践是本课程的重要教学环节，应在教学过程中给与足够重视。

附注　执笔人：吴耀伟　贾永康

附录1

全国高职高专土建类指导性专业目录

56 土建大类

5601　建筑设计类
560101　建筑设计技术
560102　建筑装饰工程技术
560103　中国古建筑工程技术
560104　室内设计技术
560105　环境艺术设计
560106　园林工程技术

5602　城镇规划与管理类
560201　城镇规划
560202　城市管理与监察

5603　土建施工类
560301　建筑工程技术
560302　地下工程与隧道工程技术
560303　基础工程技术

5604　建筑设备类
560401　建筑设备工程技术
560402　供热通风与空调工程技术
560403　建筑电气工程技术
560404　楼宇智能化工程技术

5605　工程管理类
560501　建筑工程管理
560502　工程造价
560503　建筑经济管理
560504　工程监理

5606	市政工程类
560601	市政工程技术
560602	城市燃气工程技术
560603	给排水工程技术
560604	水工业技术
560605	消防工程技术

5607	房地产类
560701	房地产经营与估价
560702	物业管理
560703	物业设施管理

附录2

全国高职高专教育土建类专业教学指导委员会规划推荐教材(建工版)

序 号	书 名	作 者
1	热工学基础	余 宁
2	机械基础	胡伯书
3	工程力学	于 英
4	房屋构造	丁春静
5	工程制图	尚久明
6	工程测量	崔吉福
7	流体力学泵与风机	白 桦
8	热工测量与自动控制	程广振
9	供热工程	蒋志良
10	通风与空调工程	杨 婉
11	制冷技术与应用	贺俊杰
12	锅炉与锅炉房设备	王青山
13	建筑给水排水工程	蔡可键
14	建筑电气	刘 玲
15	暖通施工技术	吴耀伟
16	安装工程预算与施工组织管理	王 丽
17	供热系统调试与运行	马志彪
18	空调系统调试与运行	刘成毅